KB074699

지식 제로에서 시작하는 과학 개념 따라잡기

Newton Press 지음
사쿠라이 히로무 감수
전화윤 옮김

청어람e

NEWTON SHIKI CHO ZUKAI SAIKYO NI OMOSHIROI !! KAGAKU

www.newtonpress.co.jp

들어가며

원자와 원소, 분자, 주기율표, 이온 결합, 유기물……. 화학 수업시간에 들어본 듯한 이런 용어들을 나와는 상관없는 다른 세상의 이야기라고 느끼는 이들도 있을 것이다. 하지만 알고보면 다른 세상의 이야기가 전혀 아니다.

화학은 물질의 구조와 성질을 밝혀내는 학문이다. 그 성과는 우리 주변의 모든 곳에서 찾아볼 수 있다. 매일 사용하는 스마트폰부터 편의점의 비닐봉지와 의약품까지, 일상생활에서 사용하는 많은 물건이 화학적 지식을 토대로 탄생했다. 우리의 일상은 화학 없이 돌아가지 않는다고 해도 과언이 아니다.

『화학의 핵심』은 다양한 현상에 얽힌 화학을 그림과 함께 재미있게 소개하는 데 초점을 맞췄다. 화학을 공부하는 중고등학생은 물론이고, 학창시절 화학에 좌절한 어른들에게도 맞춤한 책이다. 부디 즐거운 시간이기를!

차례

제2장 원자가 결합하여 물질이 만들어진다

제3장 우리 주변의 수많은 이온

제4장 현대사회에 필수불가결한 유기물

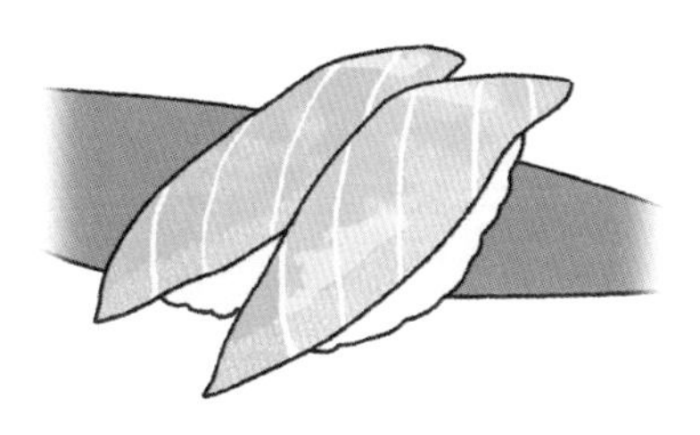

오리엔테이션

화학이라고 하면 우리와는 아무 관련도 없는
어려운 학문이라 생각하는 이들이 적지 않다.
그러나 화학은 우리 일상생활의 다양한 장면에서 활약하고 있다.
오리엔테이션에서는 화학이란 무엇인지,
우리 주변에 어떤 화학이 숨어 있는지 살펴보자.

1 화학이란 물질의 성질을 연구하는 학문

화학은 연금술에서 발전했다

원자, 원소, 분자, 주기율표, 이온 결합, 무기물, 유기물……. 화학 수업에서 이런 용어들을 배운 기억은 나는데 무슨 뜻이었는지는 헷갈리는 이들도 있을 것이다. 도대체 '화학'이란 무엇일까?

화학은 세상 모든 물질의 구조와 성질을 밝혀내는 학문이다. 영어로 화학을 뜻하는 Chemistry는 Alchemy(연금술)에서 유래했다. 중세 이전, 수많은 금속을 값어치 있는 금속으로 바꾸고자 한 시도가 바로 연금술이다. 금을 만들어내는 연금술은 성공하지 못했지만, 그 과정에서 겪은 시행착오(실험정신)에서 화학이 발전했다.

화학은 일상에서 보는 흔하고 필수불가결한 것

화학이 다루는 대상은 우리 주변의 모든 물질이다. 물질의 구조와 성질을 파악하여 물질 간에 일어나는 반응의 효과를 알면 그 지식을 다양한 기술에 응용할 수 있다. **실제로 우리가 이용하는 많은 물건은 화학적 지식을 토대로 탄생한 것들이다.**

화학은 우리의 일상에서 빼놓을 수 없는 매우 친숙한 학문이라는 사실을 지금부터 알아보자.

연필심과 공책의 구조

우리가 자주 쓰는 연필심과 공책(종이)의 미시적 구조를 나타낸 그림이다.
화학이란 이처럼 물질의 구조와 성질을 밝히는 학문이다.

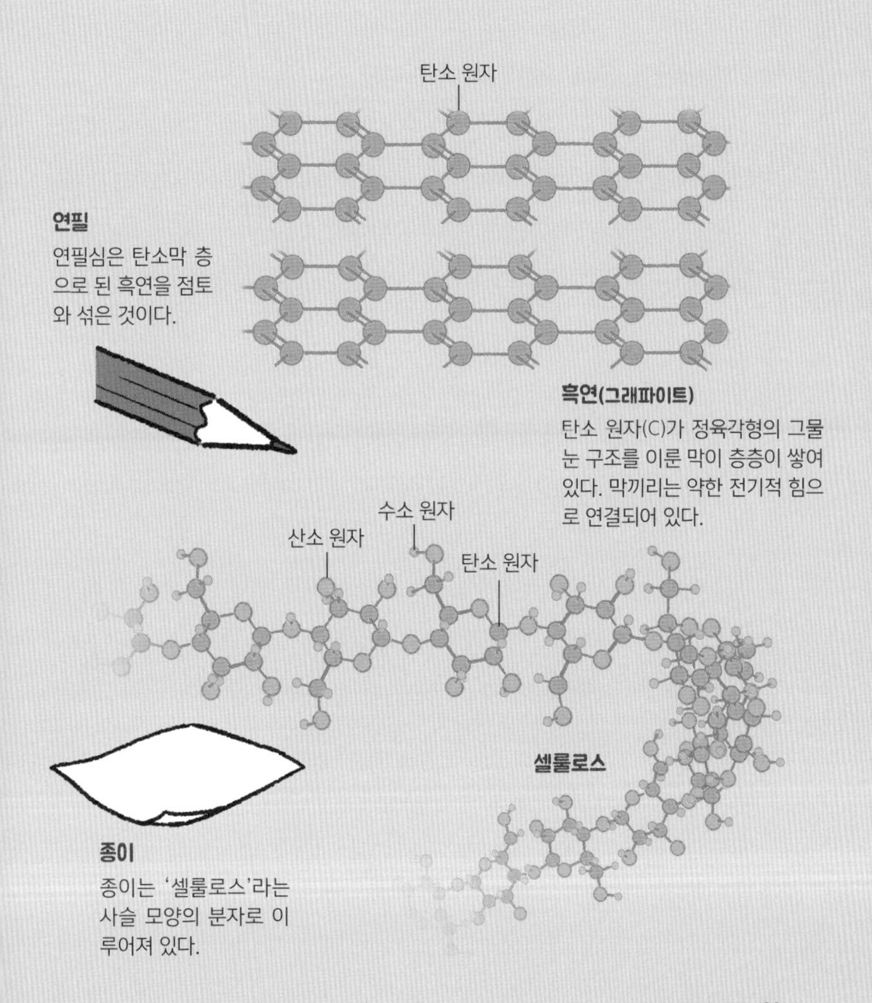

2 스마트폰에는 희귀한 원소가 많이 사용된다

◆ 스마트폰의 고성능은 희귀 금속 덕분

우리 일상에 필수불가결한 스마트폰. 스마트폰에는 어떤 화학이 숨어 있을까?

스마트폰이 다기능·고성능이 된 것은 희귀 금속(rare metal, 희소원소) 덕분이다. 희귀 금속은 지상에 존재하는 양이 적고 채굴이 어려워 희소성이 높은 금속 원소다.

◆ 가전제품에는 희귀 금속이 들어 있다

리튬 이온 전지의 재료가 되는 '리튬(Li)', 스피커 등에 이용되는 '네오디뮴(Nd)', 액정 디스플레이에 없어서는 안 되는 투명한 금속 재료인 '인듐(In)' 등 스마트폰에는 다양한 희귀 금속이 사용된다. 산업 분야에서는 이들 원소의 성질을 효과적으로 이용해 스마트폰을 만든다. **스마트폰 외에도 가전제품에는 반드시 희귀 금속이 들어간다고 해도 과언이 아니다.**

희귀 금속을 확보하는 일은 현대산업의 생명줄이나 다름없다. 최근에는 '도시광산'이라는 이름으로 스마트폰과 디지털카메라, 오디오 플레이어 등 폐가전제품에 쓰인 금속과 미량의 희귀 금속을 재활용하는 사업이 추진되고 있다.

스마트폰에 들어 있는 원소

스마트폰 부품에 사용되는 원소를 그림으로 알아보자. 스마트폰에는 탄소나 알루미늄부터 희귀 금속까지 다양한 원소가 들어 있다.

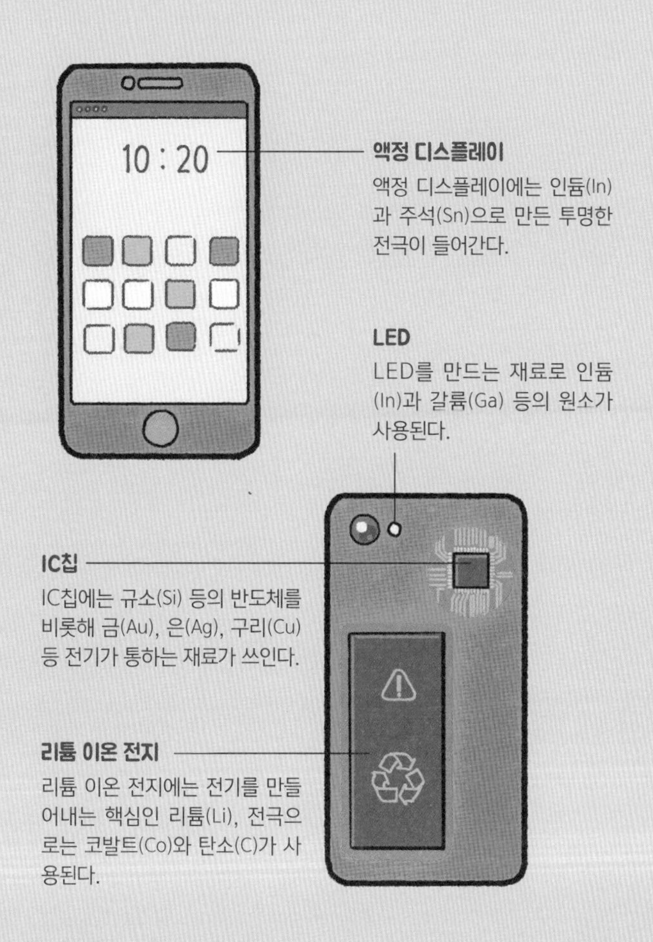

3 불꽃놀이의 선명한 색은 화학으로 만들어진다

바륨은 황록색, 칼슘은 주황색

밤하늘을 아름답게 수놓는 불꽃놀이의 선명한 색도 화학의 힘으로 만들어진다.

불꽃색에 차이가 나는 것은 '빛을 내는 금속 원소의 차이'다. 열에너지를 흡수한 금속의 원자는 일시적으로 불안정한 상태가 되었다가 안정적인 상태로 돌아갈 때 원소에 따라 특유의 색(파장)을 가진 빛을 낸다. 예를 들면 바륨(Ba)은 황록색, 칼슘(Ca)은 주황색, 칼륨(K)은 보라색이다. 화학에서는 이를 '불꽃반응'이라고 한다.

일본 에도시대 불꽃놀이는 화려하지 않았다

불꽃 제조사는 이들 금속 원소를 함유한 다양한 '불꽃제'를 조합함으로써 다양한 색을 만든다. 일본에서 여러 가지 빛깔의 불꽃을 볼 수 있게 된 것은 메이지시대(1868~1912) 이후다. 그전인 에도시대(1603~1867)에는 불꽃놀이가 지금처럼 화려하지는 않고 주로 흑색 화약이 연소할 때 나타나는 주황빛이었다고 한다. 흑색 화약은 질산(질산칼륨, KNO_3)과 황(S), 목탄 등을 섞은 화약이다.

여러 가지 빛깔의 불꽃반응

금속을 가열하면 종류별로 정해진 색깔의 빛을 낸다. 이를 불꽃반응이라고 한다. 다양한 금속이 들어 있는 불꽃제를 이용하여 불꽃색을 선명하고 다양하게 표현할 수 있다.

빨강
리튬(Li)

보라
칼륨(K)

주황
칼슘(Ca)

진한 빨강
스트론튬(Sr)

황록
바륨(Ba)

청록
구리(Cu)

4 플라스틱은 사슬 모양의 분자로 만들어져 있다

플라스틱은 종류가 다양하다

플라스틱은 일상 속 화학의 대명사라고 할 수 있다. 칫솔과 페트병, 비닐봉지와 빨대 등 많은 플라스틱 제품이 우리의 생활을 편리하게 해준다.

우리는 보통 플라스틱이라는 한 단어로 부르지만 화학적으로 플라스틱의 종류는 다양하다. 그중에서도 대표적인 것이 비닐봉지 등에 사용되는 '폴리에틸렌'과 빨대 등에 흔히 사용되는 '폴리프로필렌'이다.

이웃하는 분자를 연결하여 만든다

폴리에틸렌은 '에틸렌'이라는 분자로 만들어진다. 에틸렌 분자는 탄소 원자 2개가 '두 손'으로 연결되어 있다(이중 결합이라고 한다). 이 두 손 중 한쪽 손을 풀고 이웃한 에틸렌끼리 연결될 수 있다. 폴리에틸렌은 많은 수의 에틸렌이 사슬처럼 차례로 연결된 것이고, 폴리프로필렌은 에틸렌 대신 '프로필렌'이 사슬 모양으로 연결된 것이다.

플라스틱은 자연적으로는 거의 분해되지 않는다. 그래서 현재 플라스틱으로 인해 환경오염 문제가 대두하고 있다.

플라스틱의 구조

에틸렌으로 만드는 폴리에틸렌과 프로필렌으로 만드는 폴리프로필렌의 분자 구조를 나타낸 그림이다. 둘 다 한 가닥 사슬 모양으로 이어진 구조다.

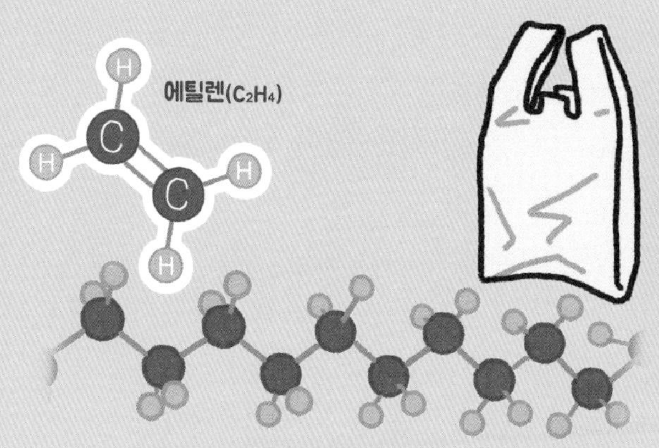

폴리에틸렌

다수의 에틸렌이 사슬 모양으로 연결된 것이 폴리에틸렌이다. 마트나 편의점에서 사용하는 비닐봉지 외에도 포장용 필름 등에 사용된다.

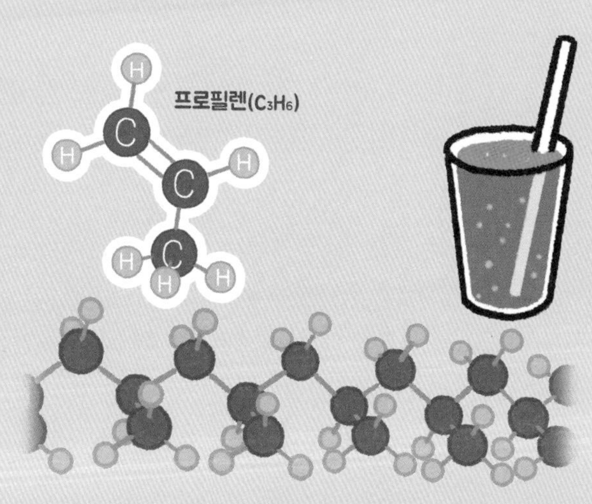

폴리프로필렌

다수의 프로필렌이 사슬 모양으로 연결된 것이 폴리프로필렌이다. 빨대를 비롯하여 일회용 수저와 포크, 용기 등에 사용된다.

개발 진행 중인 생분해성 플라스틱

플라스틱이 유발하는 환경오염을 막기 위해 화학자들이 최근 연구 중인 것이 '생분해성 플라스틱'이다. 생분해성 플라스틱이란 미생물 등 생물이 분해할 수 있는 플라스틱을 말한다. 대표적인 것이 폴리 유산(PLA)이다.

폴리 유산은 옥수수 등의 전분을 젖산(유산)으로 바꾸어 사슬 형태로 연결한 플라스틱이다. 폴리 유산은 생물 유래 '바이오 플라스틱'으로도 분류된다.

폴리 유산은 토양 등에 서식하는 일부 미생물이 분해할 수 있다. 다만 급속으로 분해하기 위해서는 온도를 60℃ 정도로 올리는 등 특별한 조건이 필요하다. 단순히 땅에 매립하거나 바다에 버리면 수개월, 또는 연 단위의 시간이 지나도 완전히는 분해되지 않을 수 있다. **따라서 앞으로 분해가 더 쉬운 생분해성 플라스틱이 개발되어야 할 것이다.**

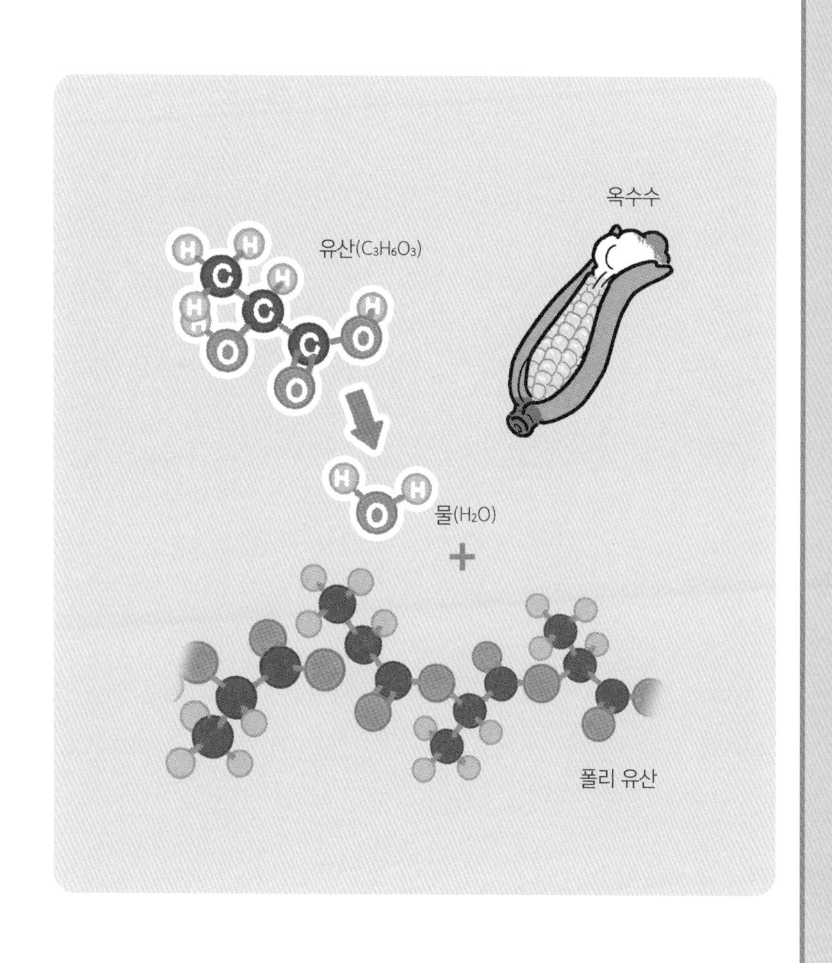
옥수수
유산(C3H6O3)
물(H2O)
폴리 유산

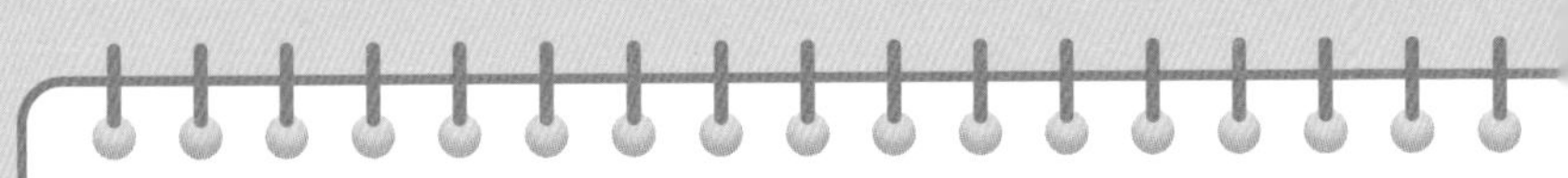

박사님! 알려주세요!

어떻게 하면 다이아몬드를 만들 수 있어요?

박사님! 집에서 다이아몬드를 만들어서 부자가 되고 싶은데요, 다이아몬드는 어떤 원소로 되어 있나요?

다이아몬드는 연필심과 같은 탄소(C)로 되어 있단다.

그럼 연필심으로 다이아몬드를 만들 수 있는 거예요!?

음……. 천연 다이아몬드는 지하 150~250km에서 만들어지지. 1000℃ 이상, 수만 기압의 환경에서 탄소가 단단하게 눌려서 만들어지는 거야.

지하 150~250km요!? 다이아몬드 만들어서 억만장자가 되는 건 포기해야겠네요…….

집에서 만드는 건 어렵지만, 요즘은 며칠에서 몇 주 만에 인공 다이아몬드를 만들 수 있는 세상이지. 지구 깊숙한 곳의 고온·고압 환경을 재현하고 다양한 조건을 갖추어 만든단다.

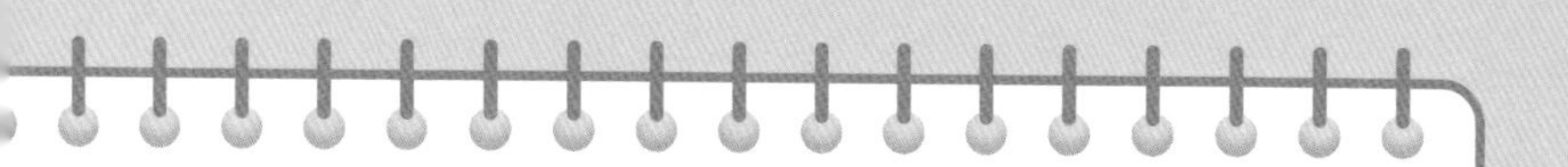

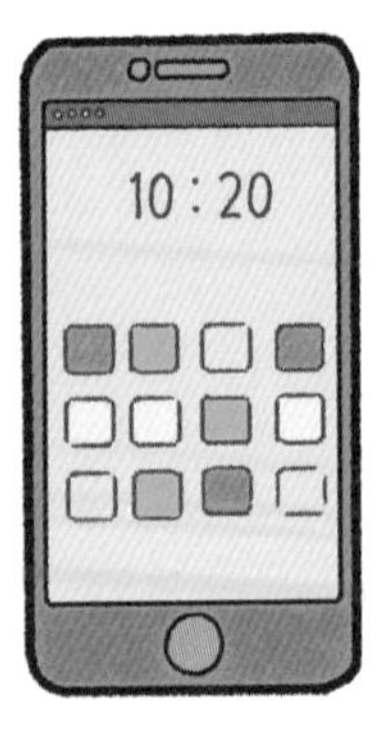
10 : 20

제1장
세계는 원자로 구성되어 있다!

이 세상의 모든 물질은 원자로 이루어져 있다.
원자는 매우 작아서 눈에 보이지 않는다.
제1장에서는 원자란 무엇인지 살펴보자.

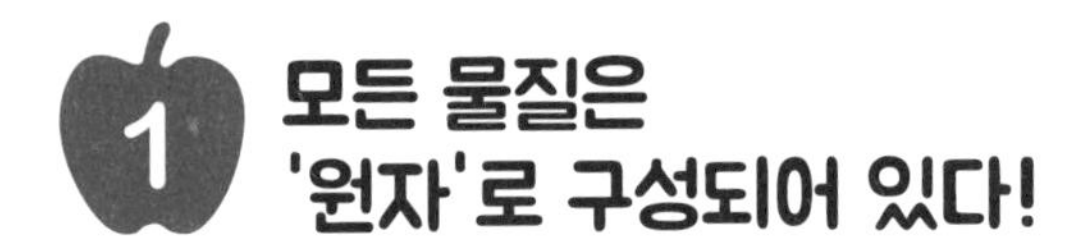

1 모든 물질은 '원자'로 구성되어 있다!

공기도 지구도 생물도 원자로 구성되어 있다

세상에 존재하는 모든 물질은 '원자'라는 매우 작은 알갱이로 이루어져 있다. 공기, 지구, 생물 등 모든 것은 원자로 구성되어 있다. 20세기에 활약한 물리학자 리처드 파인먼(1918~1988)은 다음과 같은 말을 했다.

"만약 지금 대이변이 일어나 모든 과학 지식이 사라지고 단 하나의 문장만이 다음 시대의 생물에 전해진다면, 그것은 '모든 것은 원자(atom)로 되어 있다'일 것이다."

원자의 크기는 0.0000001mm

평소에는 느끼지 못하지만, 당연히 우리도 원자 덩어리다. 그러나 느끼기 어려운 이유는 원자가 아주 작기 때문이다. **원자의 평균 크기는 1000만 분의 1mm다.** 다시 표기하면 0.0000001mm다. 지구와 골프공의 크기에 비유한다면 원자는 골프공의 크기와 비슷하다.

원자는 어마어마하게 작다

원자의 크기는 10^{-10}m(1000만 분의 1mm) 정도다. 골프공을 지구 크기만큼 확대했다고 치면, 원자의 크기는 원래 골프공 크기만 하다고 볼 수 있다.

지구(지름 약 1만 3000km)

골프공
(지름 약 4cm)

골프공

원자
(지름 10^{-10}m 정도)

2 원자는 원자핵과 전자로 되어 있다

원자 안은 어떻게 되어 있나?

원자에 대해 자세하게 살펴보자.

원자는 약 10^{-10}m 크기의 작은 알갱이다. **그 중심에는 '원자핵'이 있다.** 원자핵은 플러스 전기를 가진 '양성자'와 전기적으로 중성인 '중성자'가 합쳐져 만들어진다. 원자핵 주변에는 마이너스 전기를 가

수소 원자와 산소 원자의 구조

원자의 종류(원소)별로 양성자의 수가 정해져 있는데, 수소 원자는 1개, 산소 원자는 8개를 가진다. 각각의 원자에는 양성자와 같은 수의 전자가 있다. 양성자와 전자의 수는 같고, 한 원자로 보면 전기적으로 중성이다.

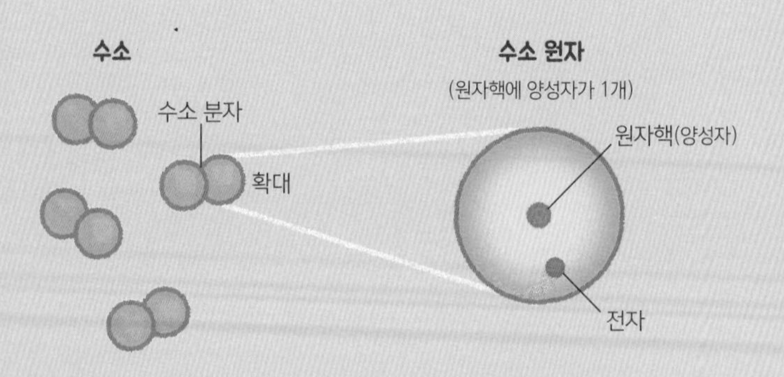

진 '전자'가 돌아다닌다. 양성자와 전자의 수는 같고, 한 원자 전체는 전기적으로 중성이다.

◆ 원자의 종류는 양성자의 수로 결정된다

원자에는 수소 원자(H), 산소 원자(O) 등 다양한 종류가 있다. 이러한 원자의 종류(원소)는 무엇으로 결정되는 걸까? 바로 원자핵에 있는 양성자의 개수다. 예를 들어 수소 원자에는 양성자 1개가 들어 있다. 그리고 산소 원자에는 양성자 8개가 들어 있다. **이처럼 원자의 종류에 따라 양성자의 수가 달라진다.**

각 원소의 양성자의 수가 '원자 번호'가 된다. 수소 원자의 원자 번호는 1, 산소 원자의 원자 번호는 8이다.

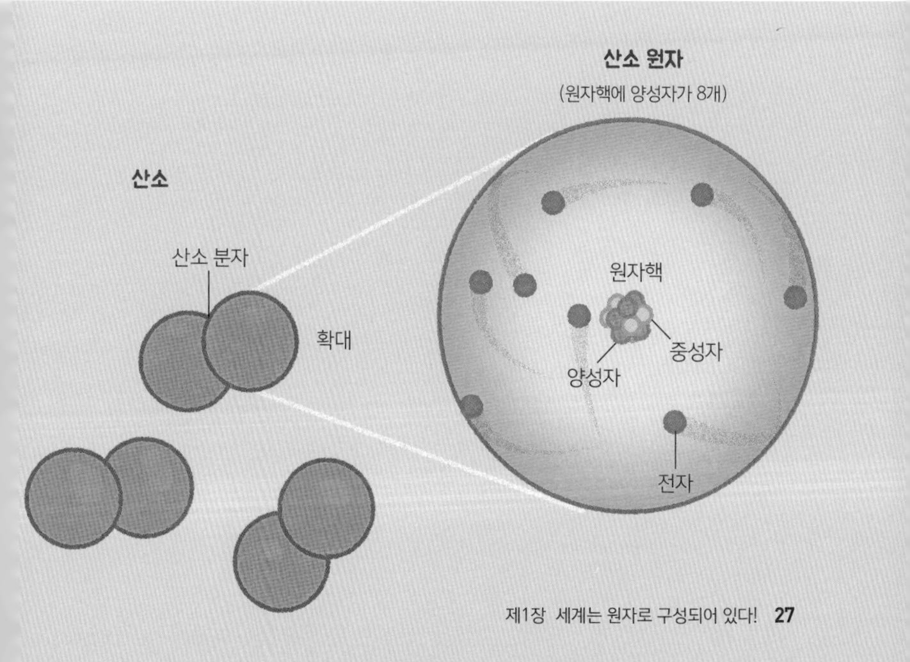

3 수소 원자에는 무거운 것과 가벼운 것이 있다

✦ 양성자의 수가 같더라도 중성자의 수는 다르다

원자핵을 구성하는 양성자 수는 원소에 따라 결정되어 있다. **그러나 중성자 수는 반드시 그렇지만은 않다.** 예를 들어 수소 원자(H)의 경우 양성자는 1개로 정해져 있으나 중성자는 0개, 1개, 2개의 세 종류다. 같은 수소라도 중성자의 수가 많을수록 무거워진다. 이처럼 원자번호(양성자의 수)는 같고 중성자의 수가 다른 원자를 '동위원소'라고 한다.

✦ 중성자 수가 2개인 수소 원자는 방사선을 방출한다

동위원소를 발견한 사람은 영국의 물리학자 프레더릭 소디(1877~1956)다. 소디는 1910년경 화학적 성질이 같은데도 방출하는 방사선의 특징에 차이가 있는 원자 그룹이 있다는 사실을 발견했다.

소디가 조사한 원자처럼 동위원소 중에는 방사선을 방출하는 것이 있다. 예컨대 중성자가 2개 있는 수소 원자는 중성자 1개가 베타선이라는 방사선을 내보내며 양성자로 변화해 다른 원자핵(헬륨3*)이 된다. 이처럼 방사선을 방출하는 동위원소를 방사성동위원소라고 한다.

* 헬륨3은 양성자 2개, 중성자 1개로 이루어져 있다.

수소의 동위원소

다음 그림은 수소의 동위원소 세 종류를 그린 것이다. 양성자 수는 같으나 중성자 수가 각각 다르다. 이들 가운데 삼중수소만 방사성동위원소다.

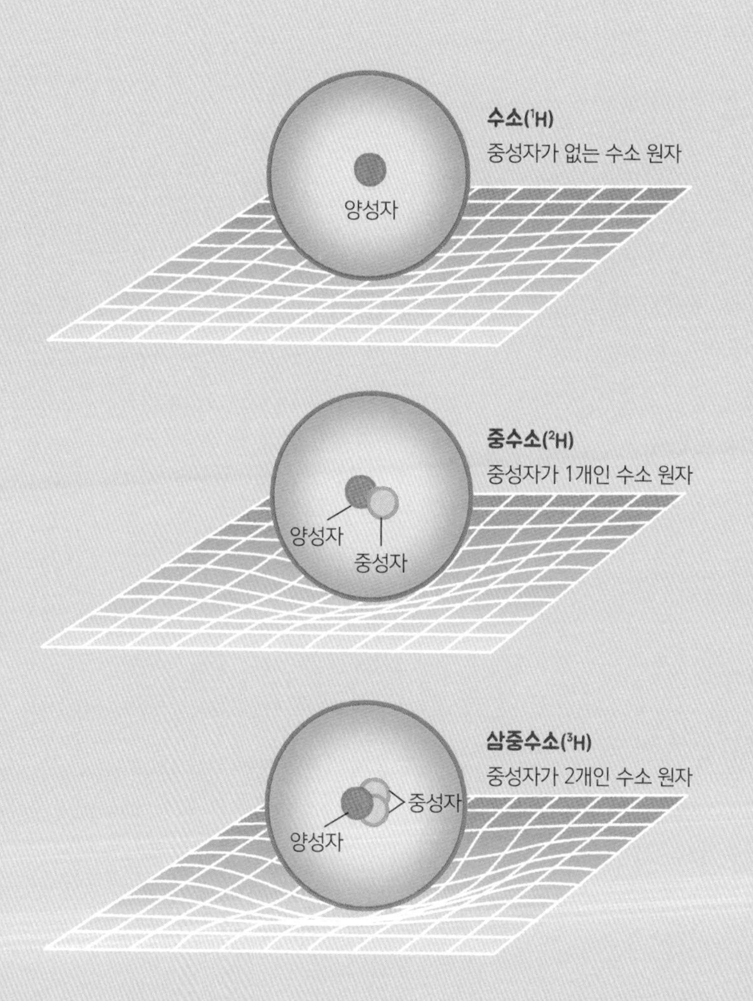

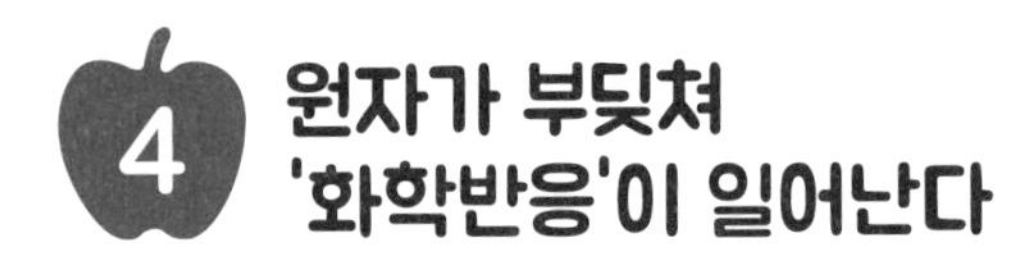

4 원자가 부딪쳐 '화학반응'이 일어난다

화학반응으로 원자의 조합을 알 수 있다

원자와 원자는 충돌로 달라붙어 분자가 되는 경우가 있다. 또 분자와 분자가 충돌로 붙거나 그 충격으로 원자를 방출하는 때도 있다. 이러한 반응을 '화학반응'이라고 한다. **화학반응이 일어나면 분자를 구성하는 원자의 조합이 바뀌어 반응 전과는 완전히 다른 성질의 다른 분자가 생긴다.**

물질이 타는 것도 화학반응

예컨대 산소 분자와 수소 분자를 혼합하여 열과 전기에너지를 가하면 폭발적인 반응이 일어나면서 성질이 다른 물 분자가 생긴다(오른쪽 그림). 이러한 반응이 화학반응이다.

화학반응은 일상생활에서도 자주 볼 수 있다. **물질이 타는 것도 물질이 산소와 결합하는 화학반응이며, 우리의 호흡도 산소를 들이마셔 체내 포도당 등 영양소를 태우는 화학반응이다.**

화학반응은 분자의 충돌에 따라 일어나므로 가열하면 분자의 운동이 격렬해져 반응이 시작되거나 반응 속도가 빨라지기도 한다.

물 분자의 생성

수소 분자(H_2)와 산소 분자(O_2)를 혼합하여 빛과 열에너지를 가하면 분자끼리 충돌하며 화학반응을 일으켜 물 분자(H_2O)가 만들어진다.

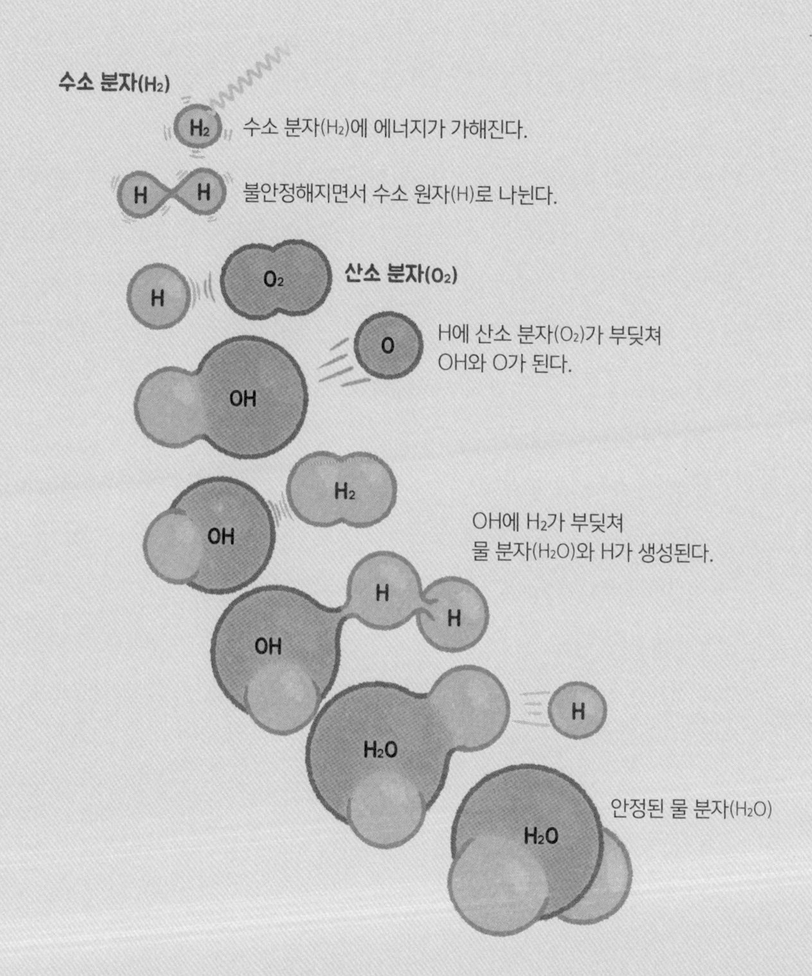

5 수많은 원자와 분자를 '몰'로 나타내보자!

탄소 원자의 질량이 기준이다

원자 1개의 질량은 매우 작다. 따라서 원자 1개의 질량을 실제 수치로 나타내는 것은 실용적이지 않다. **그래서 탄소 원자(C)의 질량을 12로 하고 이를 기준으로 각 원자의 질량을 비율로 나타내는 방법을 쓴다.** 이를 '원자량'이라 한다. 수소 원자(H)의 원자량은 1, 산소 원자(O)는 16이다. 분자의 경우, 분자를 구성하는 원자의 원자량을 더한 것을 '분자량'으로 쓴다. 예를 들어 물 분자(H_2O)의 분자량은 수소 원자 2개의 원자량(1×2)과 산소 원자의 원자량 16을 더한 18이다.

1몰은 원자와 분자가 6.0×10^{23}개 모인 것

또 원자와 분자의 수를 하나하나 세기가 어려워 '몰(mole)'이라는 기본단위를 사용한다.* 1몰은 원자와 분자가 6.0×10^{23}개 모인 것이다. 6.0×10^{23}을 '아보가드로의 수'라고 하는데, 원자와 분자의 개수가 그만큼 모이면 그 그룹의 질량(단위 g)은 원자량·분자량과 같다. 예를 들어 탄소 원자 6.0×10^{23}개, 즉 탄소 원자 1몰의 질량은 탄소의 원자량이 12이므로 12g이다.

* 기호는 mol이다.

원자량과 분자량

탄소 원자의 질량을 12로 정했을 때 원자·분자의 상대적인 질량을 원자량·분자량이라고 한다. 원자와 분자가 6.0×10^{23}개(아보가드로의 수) 모이면 질량(g)은 원자량·분자량과 같다.

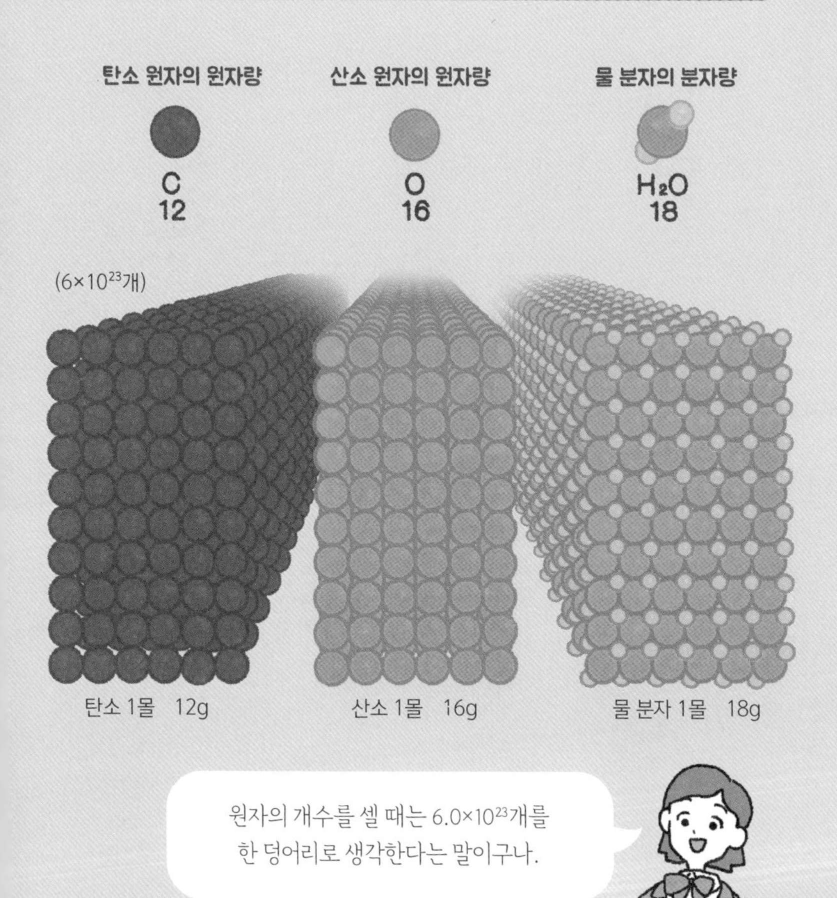

원자의 개수를 셀 때는 6.0×10^{23}개를 한 덩어리로 생각한다는 말이구나.

몰 계산을 해보자!

고등학교 1학년인 한솔이와 정안이. 육상부인 두 학생은 장거리 달리기 연습을 위해 운동장을 50바퀴 달리고 있다.

한솔 목말라서 죽을 것 같아.

정안 물 마시자! (물 1.8L를 단숨에 들이킨다)

한솔 ……잠깐만! 너무 많이 마시는 거 아니야?

정안 으윽! 배가 아프기 시작했어………….

한솔 내가 뭐랬어! 근데 물 1.8L 안에는 물 분자가 몇 개 들어 있는 거지?

Q1 물 1.8L에는 몇 개의 물 분자(H_2O)가 들어 있을까? 물 분자의 분자량은 18, 물 1L는 1000g이다.

한 시간 후 겨우 달리기를 마친 한솔이와 정안이. 한솔이는 숨이 너무 차서 휴대용 산소통에 든 산소를 마시는 중이다.

한솔 이-야, 산소를 마시니까 이제 좀 살 것 같아.

정안 한솔이 너는 너무 내달리잖아!

한솔 근데 이 산소통 진짜 가벼운데, 정말 산소가 들어 있긴 한 건가?

정안 라벨에 산소량 0.5몰이라고 쓰여 있잖아.

Q2

새 휴대용 산소통에 들어 있던 산소 0.5몰은 몇 g일까? 산소 분자(O_2)의 분자량은 32다.

몰 계산 정답

6×10^{25}개

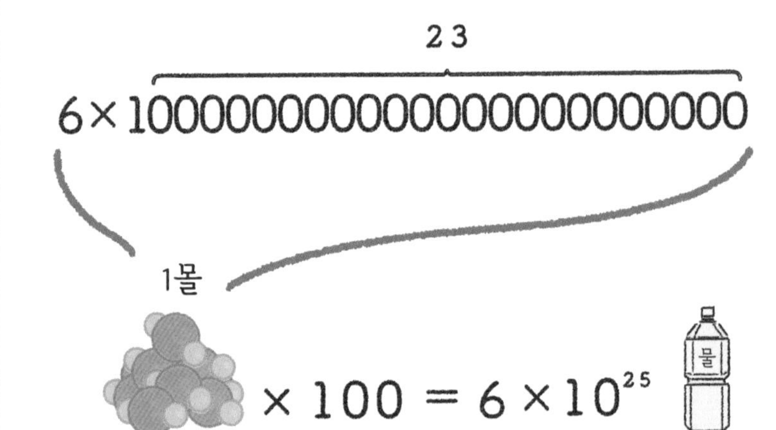

물 분자(H_2O) 1몰의 무게는 18g이다. 물 1.8L의 무게는 1800g이므로 1800g을 18g으로 나누면 100이 나온다. 그러므로 물 1.8L에는 물 분자 100몰이 들어 있다. 1몰은 6×10^{23}개이므로 100몰의 물 분자 수는 $6 \times 10^{23} \times 100 = 6 \times 10^{25}$개가 된다.

A2 16g

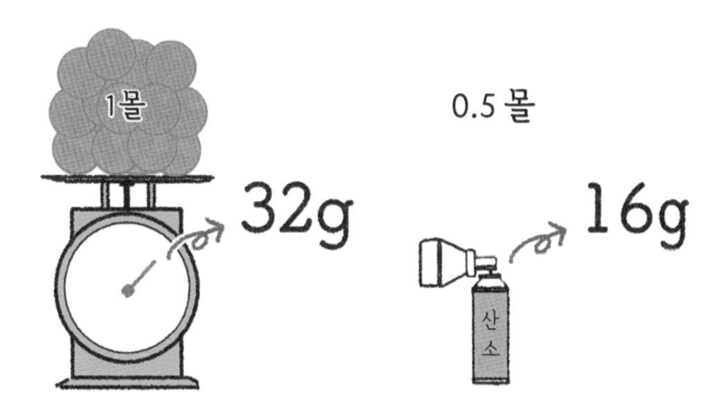

산소 분자(O_2)의 분자량은 32다. 즉, 산소 1몰이 32g이 된다. 새로운 휴대용 산소통에 들어 있던 산소량은 0.5몰이므로 질량은 $0.5 \times 32 = 16$g이라는 계산이 나온다.

한솔 다음부터는 페이스 조절하면서 달리자!

6 주기율표를 보면 원소의 '성격'을 단번에 알 수 있다

◆ 주기율표는 150년을 지나며 현재의 모습이 되었다

지금부터는 주기율표에 대해 살펴보자. **주기율표란 다양한 원소를 화학적 성질의 차이에 따라 분류한 것이다.** 그러므로 같은 세로줄(족)의 화학적 성질은 비슷하다. 주기율표는 1869년 러시아의 화학자 드미트리 멘델레예프(1834~1907)가 고안했다. 그 후 현재까지 새로운 원

현재의 주기율표

주기율표는 원자 번호(양성자의 수)의 순서에 따라 원소를 정리한 것이다. 세로줄을 '족'이라고 하고, 가로줄을 '주기'라고 한다. 같은 족 원소는 화학적 성질이 비슷하다.

■ 금속으로 분류되는 원소
■ 비금속으로 분류되는 원소
주: 104번 이후 원소의 성질은 불명확하다.

…… 단위가 기체인 원소(25℃, 1기압)
〰 단위가 액체인 원소(25℃, 1기압)
— 단위가 고체인 원소(25℃, 1기압)

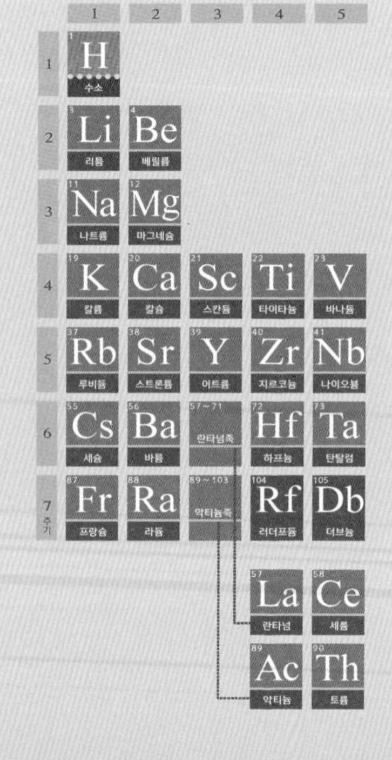

소가 발견될 때마다 여러 번에 걸쳐 수정되었다.

현재 발견된 원소는 118개

1890년대에 접어들자 새로운 원소가 잇달아 발견되었다. 이들 원소는 당시 알려진 어떤 원소와도 성질이 달랐기 때문에 주기율표의 어느 곳에 넣으면 좋을지 과학자들의 고민이 깊었다. 그러다 주기율표에 새로운 줄과 칸을 추가함으로써 기존의 주기율표로 흡수할 수 있다는 것을 밝혀냈다.

그 후로도 과학자들은 새로운 원소가 발견될 때마다 논의를 거쳐 주기율표 안에 배열한다. **2019년 11월 기준으로 원소는 118개까지 늘었다.**

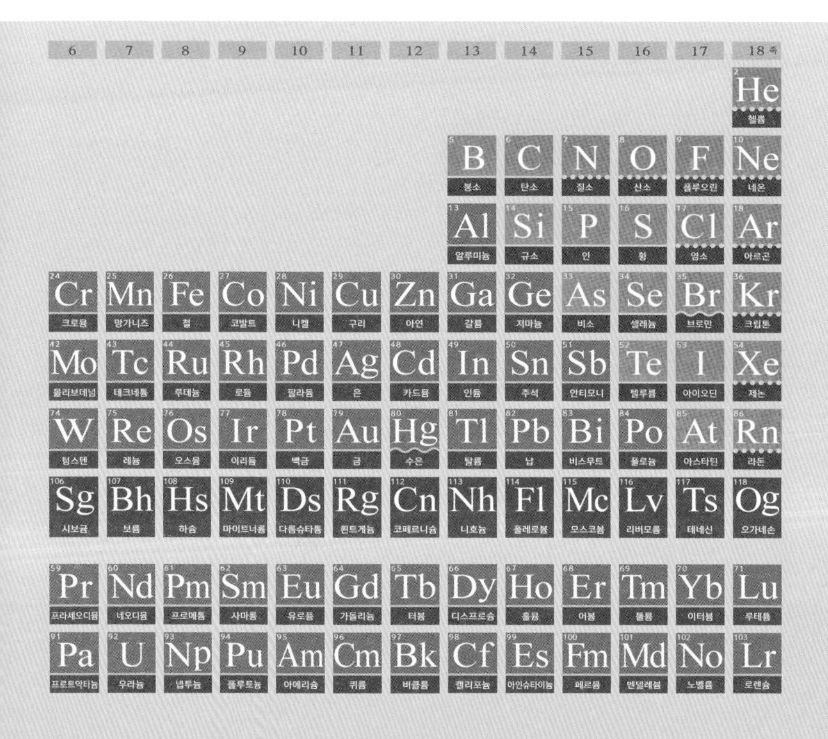

7 가장 바깥의 전자가 원소의 성격을 결정한다

전자가 들어갈 수 있는 '자리'의 수는 정해져 있다

20세기 들어 원소의 화학적 성질을 만들어내는 원인은 '전자'라는 사실이 밝혀졌다. 전자는 원자핵 주변에 '전자껍질'이라 불리는 몇 개의 층에 나뉘어 존재한다. 전자껍질은 안쪽부터 순서대로 'K껍질', 'L껍질', 'M껍질'……이라고 부른다. **그리고 K껍질에는 2개, L껍질에는 8개, M껍질에는 18개 하는 식으로, 전자껍질에 따라 '자리'의 수가**

바깥쪽 전자가 성질을 결정한다

주기율표상 같은 세로줄(족)의 원소는 가장 바깥 껍질(최외각)의 전자 수(가전자)가 같다. 따라서 같은 족의 원소는 성질이 비슷하다. 1~17족은 최외각에 공간이 있어서 다양한 반응을 일으킨다. 18족(희가스)은 최외각에 공간이 없어 거의 반응하지 않는다.

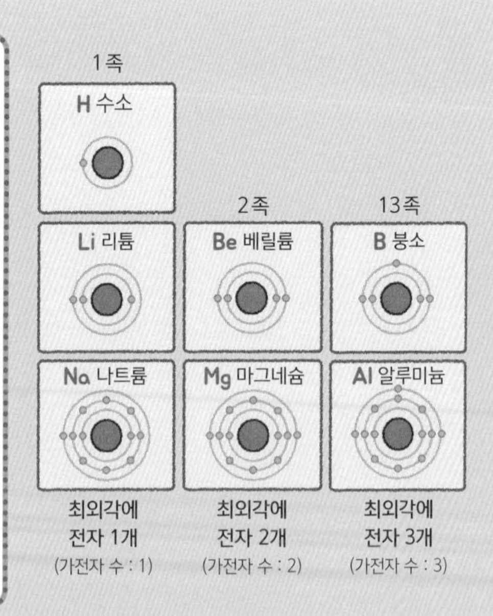

결정되어 있다. 전자는 기본적으로 전자껍질의 안쪽 자리부터 채워진다.

최외각의 전자가 반응을 일으키는 장본인

원자핵 주변에 있는 전자 중 원소의 최외각에 있는 전자는 다른 원자나 분자와 반응을 일으키는 장본인이다. **따라서 원자의 화학적 성질은 최외각의 전자 수에 따라 크게 좌우된다.**

여기서 주기율표에 주목해보자(아래 그림). 같은 세로줄(족)의 원소끼리는 최외각의 전자 수가 같다. 그러므로 같은 족에 속한 원소의 화학적 성질은 매우 닮았다. 또 18족을 제외한 나머지 원자의 최외각 전자는 화학반응에 크게 관여하므로 특별히 '가전자'라고 한다.

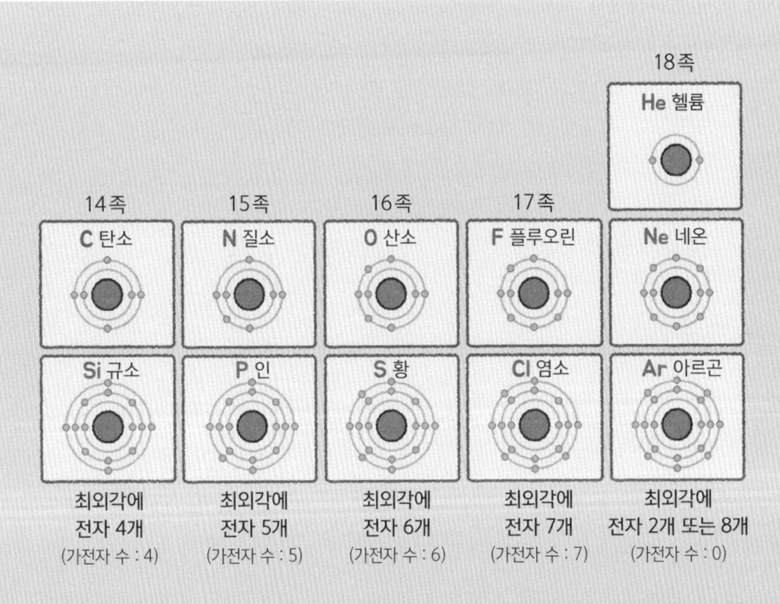

8 우주에 있는 원소의 99.9%는 수소와 헬륨

원자 번호가 커짐에 따라 존재도가 작아진다

주기율표에는 118개의 원소가 있다. 그중 자연계에 존재하는 것은 어떤 원소들일까?

아래 그래프는 우주에 존재하는 원소의 원자 수 비율을 나타낸 것이다. 가로축이 원자 번호, 세로축이 존재도(상대적 개수)다. 세로축의 눈금은 10배씩 커지기 때문에 위아래 간격이 작아 보여도 실제로

존재도 그래프는 지그재그

오른쪽 그래프는 우주의 원소 존재도다. 각 원소의 존재도는 규소 원자(Si)의 개수를 10^6(100만)개로 했을 때 상대적인 개수로 나타낸 것이다.

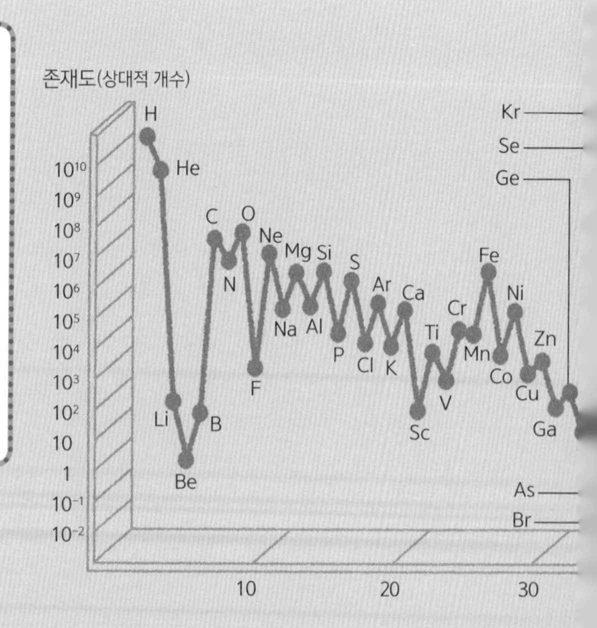

는 큰 폭의 차이가 있다. 이 그래프를 통해 크게 두 가지 사실을 알 수 있다. **첫 번째는 수소 원자(H)와 헬륨 원자(He)가 눈에 띄게 많고, 원자 번호가 커짐에 따라 존재도가 작아진다는 점이다.** 수소와 헬륨이 차지하는 비율은 실제로 99.9%에 이른다.

양성자 수가 짝수인 것은 홀수인 것보다 많이 존재한다

두 번째는 원소의 존재도가 지그재그 모양으로 나타난다는 점이다. 양성자 수가 짝수인 것은 양성자 수가 홀수인 것보다 많이 존재한다. 왜냐하면 양성자는 2개씩 짝으로 존재해야 안정적인데 어중간하게 있으면 원자가 변화하기 쉽다. 양성자의 성질이 우주에 존재하는 원소의 양에 영향을 미치는 것이다.

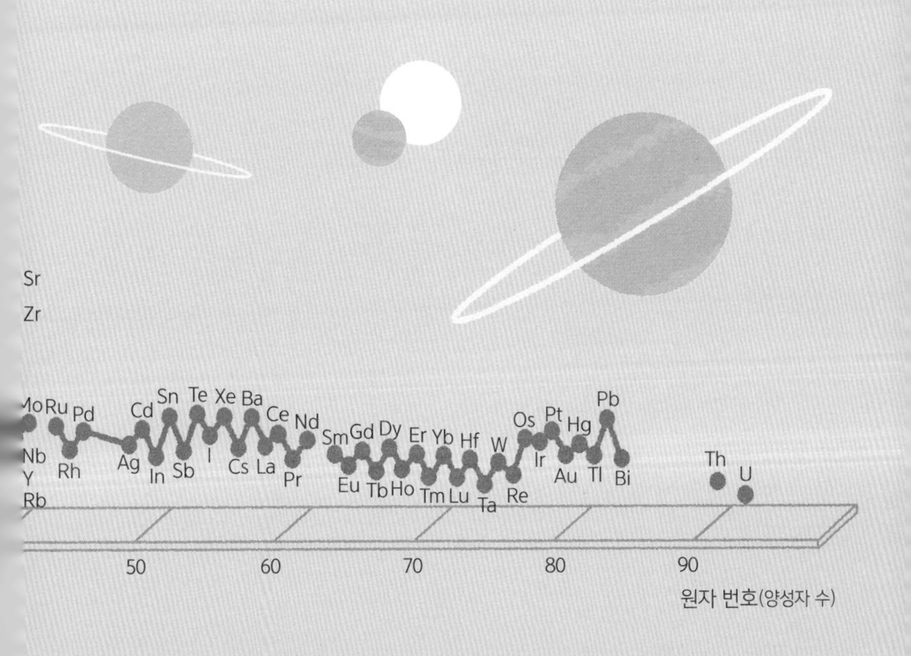

9 새로운 원소를 인공적으로 만들어라!

93번 이후의 원소는 자연계에 존재하지 않는다

주기율표에 있는 원소 118개 중 93번 이후의 원소는 자연계에 존재하지 않는, 인공적으로 만든 것이다. 인공적으로 원소를 합성하는 일을 가능하게 한 것은 '가속기'라는 실험 장치다. 가속기는 전자와 양성자, 원자핵 등의 입자를 전기에너지로 가속하여 충돌시키는 장치이다. 가속기로 원자핵을 가속해 원자핵끼리 충돌·융합시켜 새로운

113번 원소의 합성

113번 원소는 아연과 비스무트를 충돌시켜 만들어졌다. 113번 원소가 존재할 수 있는 시간은 매우 짧아서 바로 붕괴해 다른 원소로 바뀐다.

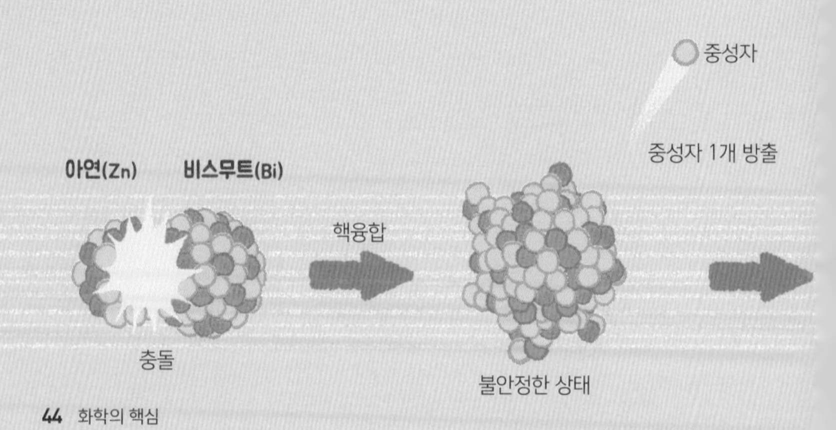

원소를 만들어낼 수 있다.

새로운 원소로 인증된 113번 원소, 니호늄

2015년 12월 일본에서 발견된 113번 원소가 새로운 원소로 인정되었다. 이 113번 원소는 아연(Zn)과 비스무트(Bi)의 원자핵을 충돌시킴으로써 만들어진 것이다. 일본 이화학연구소 모리타 고스케 교수 연구팀은 113번 원소 합성에 성공하여 발견자로 인정받았다.

이러한 성과가 새로운 원소를 공인하고 명명하는 국제기구인 IUPAC(국제순수·응용화학연합)으로부터 인정을 받아 113번 원소의 이름이 '니호늄(Nh)'이 되었다.

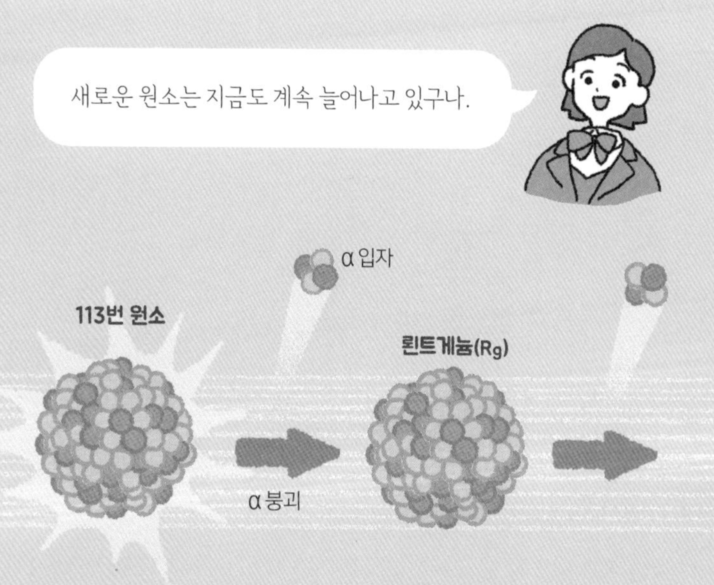

지구는 매년 가벼워진다!

지구에는 우주 공간의 먼지가 중력으로 끌어 당겨져 한 해에 약 4만 톤이나 되는 먼지가 쏟아진다. 그렇다면 지구는 점점 무거워지고 있는 걸까? 실제로는 그 반대다. **지구는 매년 약 5만 톤씩 가벼워지고 있다.**

원인은 원자 번호가 앞에 있는 가벼운 원소들에 있다. **수소 원자(H, 원자 번호 1) 두 개로 이루어진 수소 분자(H_2)와 헬륨 원자(He, 원자 번호 2)는 너무 가벼워 지구의 중력을 견디지 못하고 우주 공간으로 사라져버린다.** 매년 지구에서 사라지는 수소의 양이 약 9만 5000톤, 헬륨은 약 1600톤이다.

이 증가분과 감소분을 합하면 지구에서 해마다 5만 톤의 질량이 줄고 있는 셈이다. 하지만 지구의 수소와 헬륨의 양은 충분해서 수소가 사라지려면 앞으로 수조 년이 걸린다고 한다.

물리학자 아보가드로

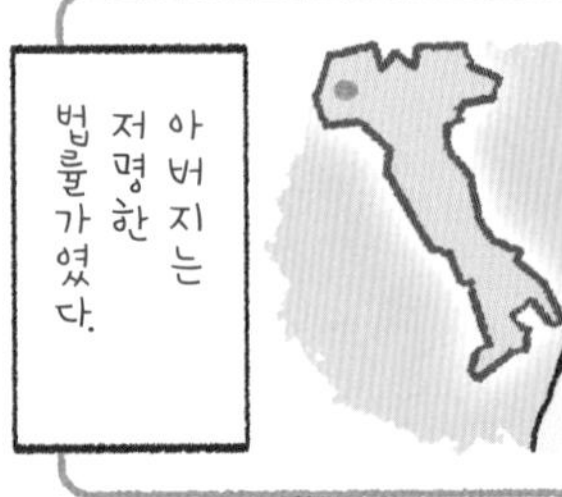
1776년
이탈리아
토리노에서
태어난
아보가드로
아버지는
저명한
법률가였다.

아보가드로도
처음에는 법률을
공부했으나
자연과학이
재밌을 것
같은데……
자연과학에도
관심을 보여
수학과 물리학을
배우게 된다.
LAW

1806년에는
토리노대학의
한 단과대
조교수가 되고

1820년에는
토리노대학에
신설된 수리물리학
강의 교수가
되었다.

아보가드로의 법칙을 발표하다

아보가드로 법칙은 부피가 같은 모든 기체는 같은 온도와 같은 압력에서 같은 수의 분자를 포함한다는 가설이다.

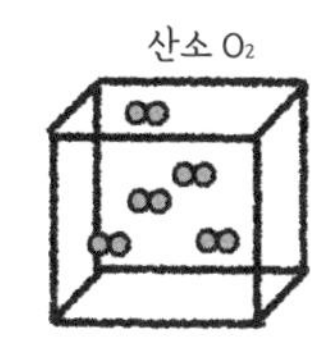

= 같다!

물 H_2O

그러나 아보가드로는 연구 성과를 인정받지 못한 채 1856년 사망한다.

1860년 국제화학자 회의에서 아보가드로의 연구를 바탕으로 한 발표가 이루어져 주목을 받았다.

후에 물질 1몰 안에 든 입자 수가 측정된다.

6×10^{23}

아보가드로의 수

그 값이 아보가드로의 수다.

후우 ―

제2장
원자가 결합하여 물질이 만들어진다

우리 주변의 모든 물질은
원자의 결합으로 이루어져 있다.
제2장에서는 원자가 어떻게 연결되어
물질이 만들어지는지 알아보자.

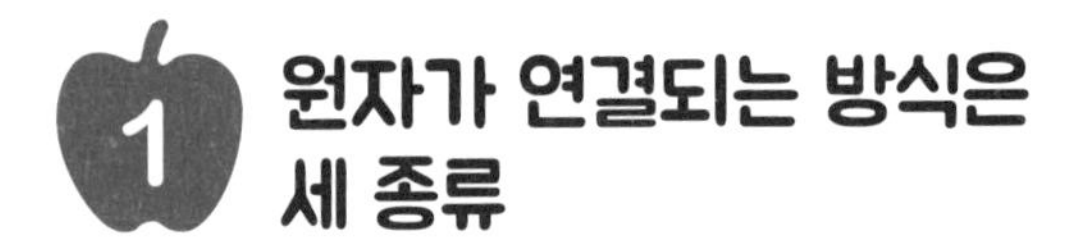

1 원자가 연결되는 방식은 세 종류

◆ 전자를 공유하는 '공유 결합'

우리 주변의 물질은 많은 원자의 결합으로 이루어져 있다. **원자를 서로 이어주는 결합에는 '공유 결합', '금속 결합', '이온 결합'의 세 종류가 있다.** 이 세 종류의 결합에 대해 간단히 살펴보자.

'공유 결합'은 원자 간 전자를 공유하는 결합이다. 원자는 가장 바깥쪽의 전자껍질이 완전히 메워진 상태가 되면 안정된다. 공유 결합은 원자 간 전자를 공유함으로써 마치 빈자리가 없는 것처럼 보충한 상태다.

'금속 결합'은 금속 원자와 결합해 금속의 결정으로 만드는 결합이다. 금속 원자의 가장 바깥쪽에 있는 전자가 여러 원자 사이를 자유롭게 돌아다니면서 결합한다.

◆ 양이온과 음이온이 끌어당기는 '이온 결합'

원자는 전자를 잃고 플러스 전기를 띠거나, 반대로 전자를 받아서 마이너스 전기를 띤다. 여기서 플러스 전기를 띤 원자를 양이온, 마이너스 전기를 띤 원자를 음이온이라고 한다. **'이온 결합'이란 양이온과 음이온이 전기적으로 서로를 끌어당겨 결합하는 것이다.**

원자 결합의 세 종류

원자의 결합에는 '공유 결합', '금속 결합', '이온 결합'의 세 종류가 있다.

공유 결합

탄소 원자 1개는 다른 탄소 원자 4개와 전자를 공유한다.

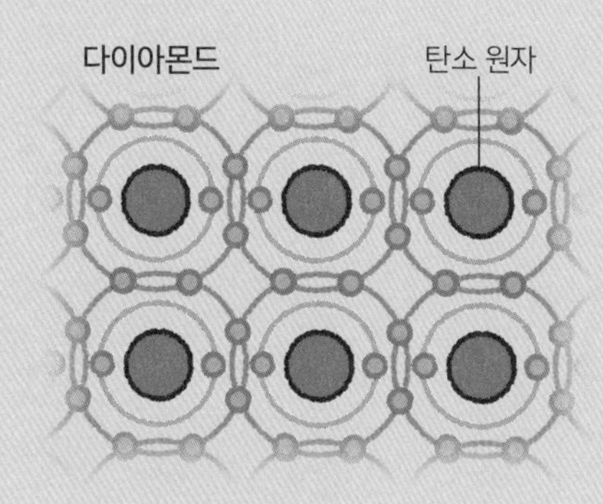

금속 결합

최외각 전자(자유전자)가 여러 원자 사이를 오간다.

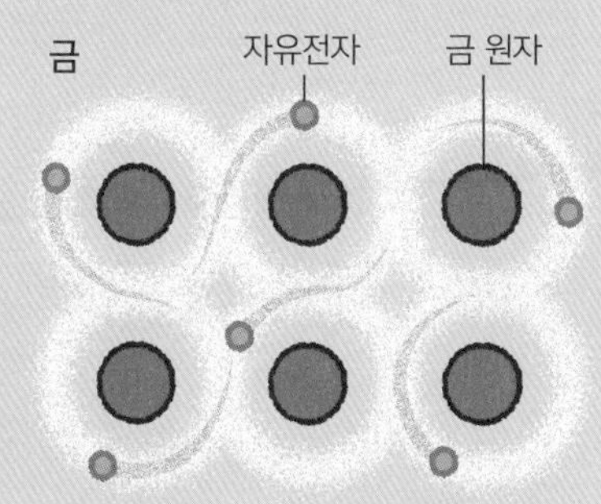

이온 결합

양이온과 음이온이 전기의 힘으로 서로를 끌어당기면서 결합한다.

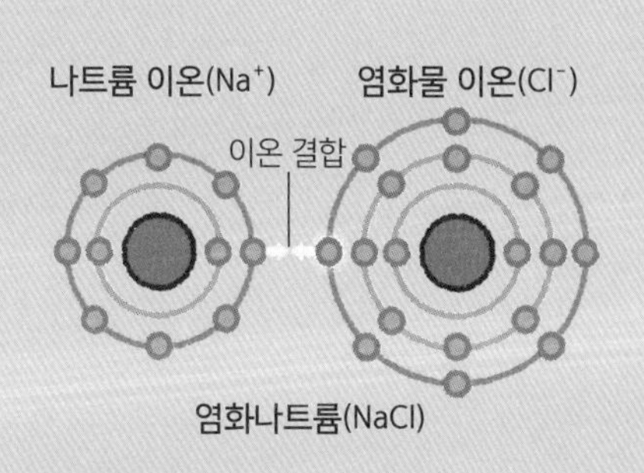

2 전자를 공유하며 강하게 결합하는 '공유 결합'

전자는 원자핵 주위를 돌아다닌다

수소 원자(H) 2개가 결합하여 수소 분자(H_2)가 되는 반응을 예로 들어 공유 결합을 자세히 알아보자.

수소 원자를 보면 플러스 전기를 띤 원자핵(수소의 경우 양성자만) 주위를 마이너스 전기를 띤 '전자' 1개가 움직이고 있다. **전자가 움직일 수 있는 범위를 '전자구름'이라고 한다.**

전자가 복수의 원자에 공유되어 안정적인 상태가 된다

수소 원자 2개가 서로 가까워지면 처음에는 '판데르발스 힘'이라는 약한 힘으로 서로를 끌어당긴다(자세한 설명은 64쪽). 수소 원자가 또 접근하면 각각의 수소 원자의 전자구름이 겹치게 되어 마이너스 전기가 점점 커진다. 그러면 겹쳐진 전자구름과 플러스 전기를 띤 원자핵 2개가 서로를 강하게 잡아당기고, 마침내 수소 분자 1개의 형태가 만들어진다. **이처럼 전자가 여러 원자와 공유되어 안정된 상태를 '공유 결합'이라 한다.**

수소 원자에서 수소 분자로

수소 원자 2개가 접근하면 각각이 가진 전자구름이 겹쳐진다. 이때 전자 2개가 원자핵 2개 주위를 돌아다니다가 마침내 수소 분자 1개가 만들어진다.

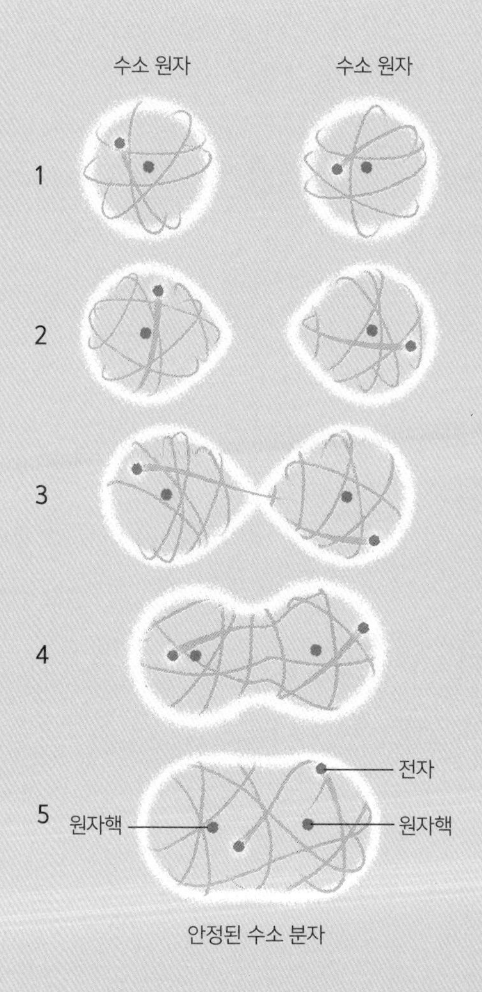

안정된 수소 분자

3 자유롭게 움직이는 전자가 원자에 붙는 '금속 결합'

금속 원자들 사이를 자유롭게 움직이는 '자유전자'

다음으로 금속 결합에 대해 자세히 알아보자. 금속 결합이란 다수의 금속 원자가 '자유전자'에 의해 결합하는 현상이다. 자유전자란 문자 그대로 여러 금속 원자 사이를 자유롭게 이동하는 전자를 말한다. **금속 결합에서는 원자의 전자껍질이 서로 겹치면서 모든 원자의 전자껍질이 연결된 상태가 된다.**

돌아다니는 자유전자가 금속 원자를 결합시킨다

자유전자는 결정 안에서 연결된 전자껍질을 따라서 금속 전체를 자유롭게 돌아다닌다. 그렇게 하여 제각각 떨어지려는 금속 원자를 결합시킨다.

자유전자가 있어서 금속은 특유의 성질을 가지게 된다. 한 예로 금속은 두드리면 늘어나는 성질이 있다. 이 성질을 원자의 세계에서 생각해보자. 금속을 두드리면 원자들의 위치가 틀어진다. 그러나 곧 자유전자가 이동하므로 원자의 위치가 틀어지더라도 원자 간의 결합 상태는 유지된다.

금속을 연결하는 자유전자

아래 그림은 금속 원자의 전자껍질이 겹쳐져 연결된 모습이다. 자유전자는 연결된 전자껍질을 따라 자유롭게 원자 사이를 이동한다. 이 자유전자로 인해 금속 특유의 다양한 성질이 나타난다.

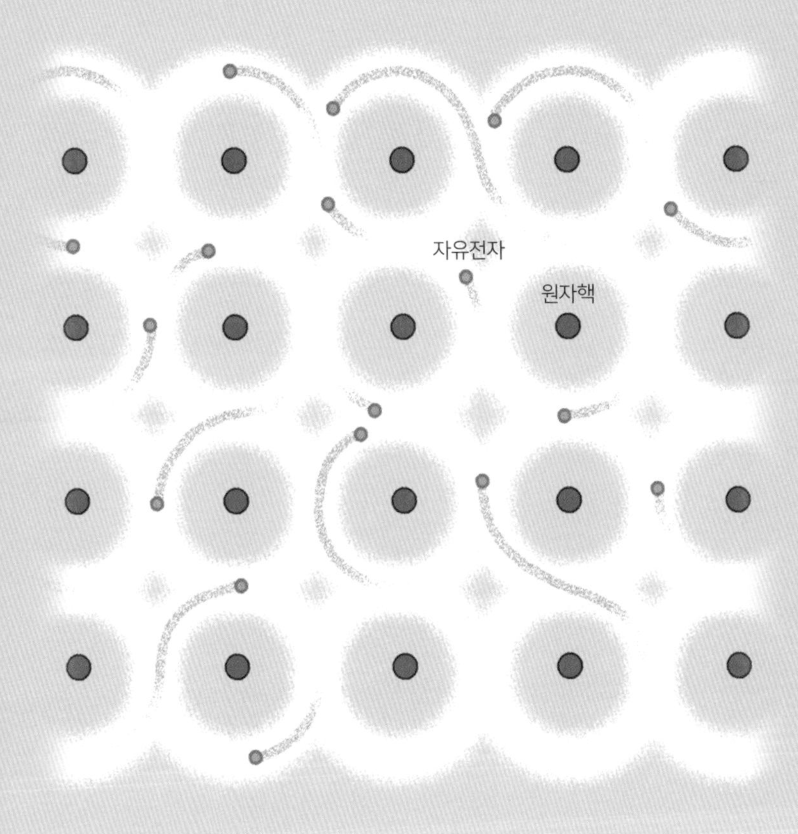

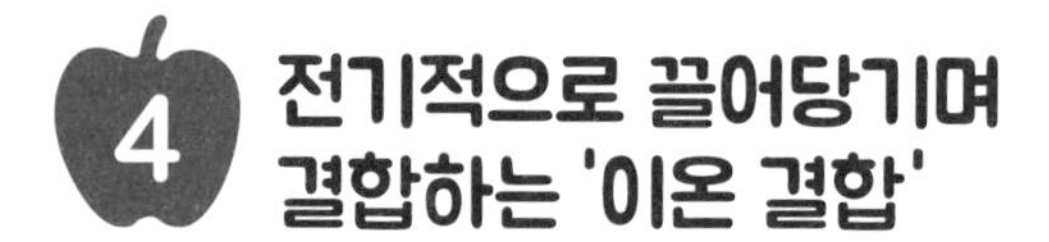

4 전기적으로 끌어당기며 결합하는 '이온 결합'

나트륨이 염소에 전자 1개를 내준다

마지막으로 이온 결합에 대해 살펴보자. 우리의 일상생활에서도 원자는 다른 원자에 전자를 내주거나 받거나 함으로써 이온 상태로 존재한다. 가장 흔한 예로 소금(염화나트륨, NaCl)이다. 소금은 '나트륨 이온(Na^+)'과 '염화물 이온(Cl^-)'으로 이루어져 있다.

나트륨 원자(Na)를 보면 가장 바깥쪽 전자껍질에 전자가 딱 1개 있다. 염소 원자(Cl)를 살펴보면 가장 바깥쪽 전자껍질에 전자가 7개이고 빈자리가 1개 남아 있다. **가장 바깥쪽의 전자껍질이 모두 채워져야 안정되므로 나트륨 원자와 염소 원자가 가까워지면 나트륨이 염소에 전자 1개를 내준다.**

플러스와 마이너스 전하로 서로를 끌어당긴다

나트륨 원자는 전자(마이너스)를 하나 잃었기 때문에 전체적으로 플러스를 띤 양이온이 된다. 이에 비해 염소 원자는 전자 1개(마이너스)를 얻어 전체적으로 마이너스를 띤 음이온이 된다. **양이온과 음이온은 각각이 가진 플러스와 마이너스 전하로 서로를 끌어당겨 결합한다.** 이 결합이 '이온 결합'이다.

이온 결합으로 연결된 소금

소금(염화나트륨)은 염화물 이온과 나트륨 이온으로 구성되어 있다. 각각이 가진 플러스와 마이너스 전하가 서로를 끌어당겨 '이온 결합'으로 연결된다. 원자핵 안의 숫자는 원자 번호다.

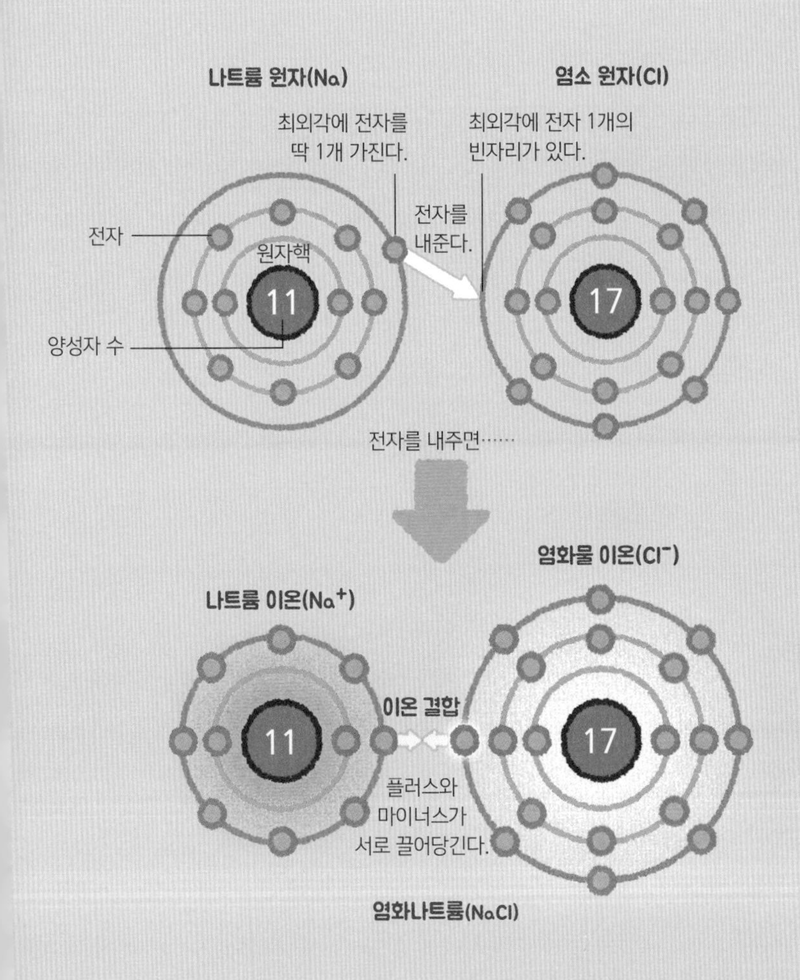

5 물 분자는 '수소 결합'으로 만들어진다

전자가 한쪽 원자로 치우친다

물과 얼음은 물 분자가 플러스와 마이너스의 인력으로 서로를 느슨하게 끌어당기며 결합되어 있다. 이를 물 분자의 '수소 결합'이라고 한다. 끓는점이 높고 얼음이 되면 물에 뜨는 특징은 이 수소 결합의 영향이다. 수소 결합은 왜 일어날까?

산소 원자는 마이너스, 수소 원자는 플러스 전기를 띤다

물 분자(H_2O)는 산소 원자(O) 1개와 수소 원자(H) 2개가 공유 결합을 이룬 것이다. 이때 산소 원자가 수소 원자보다 전자를 끌어당기는 힘이 강하기 때문에 산소 원자 쪽은 약한 마이너스 전기를 띠고 수소 원자 쪽은 약한 플러스 전기를 띤다. 이처럼 다른 원자가 결합한 경우에는 공유되는 전자가 한쪽 원자 쪽으로 치우쳐 약한 플러스와 마이너스를 띠는 일이 있다. **물 분자의 집합체인 물과 얼음은 물 분자끼리 서로 플러스와 마이너스의 인력으로 결합한다. 이것이 수소 결합의 정체다.**

물 분자와 수소 결합

액체인 물은 물 분자가 다른 물 분자와 수소 결합을 하거나 결합을 끊으며 계속해서 움직인다.

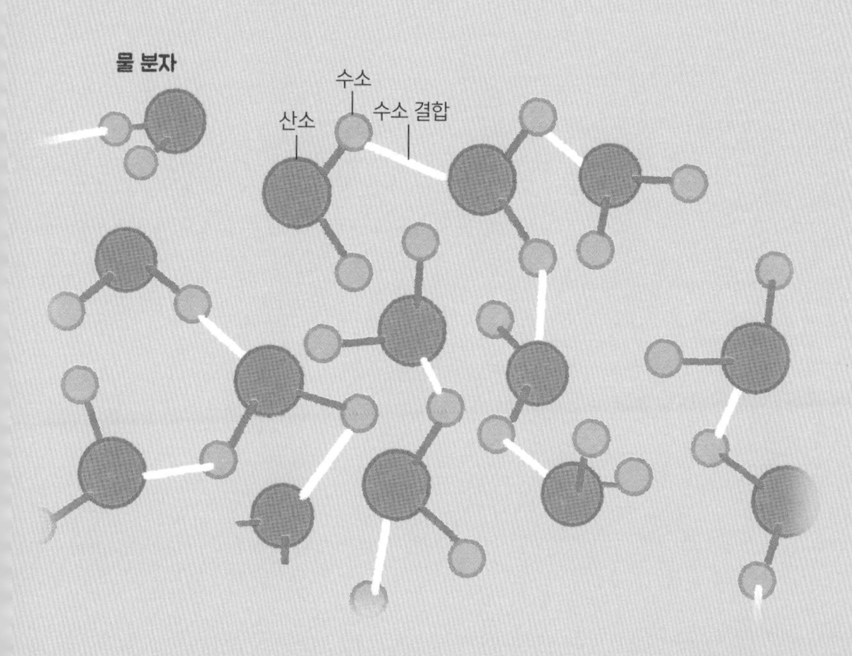

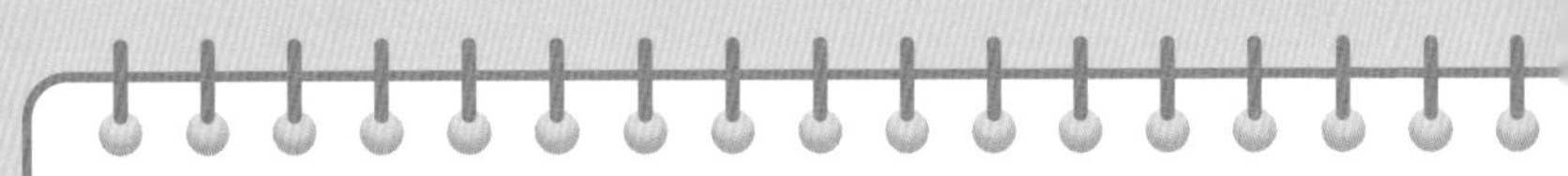

박사님! 알려주세요!

얼음은 왜 물에 뜨나요?

박사님! 패밀리 레스토랑에서는 물에 항상 얼음을 넣어주잖아요. 얼음은 왜 물에 뜨나요?

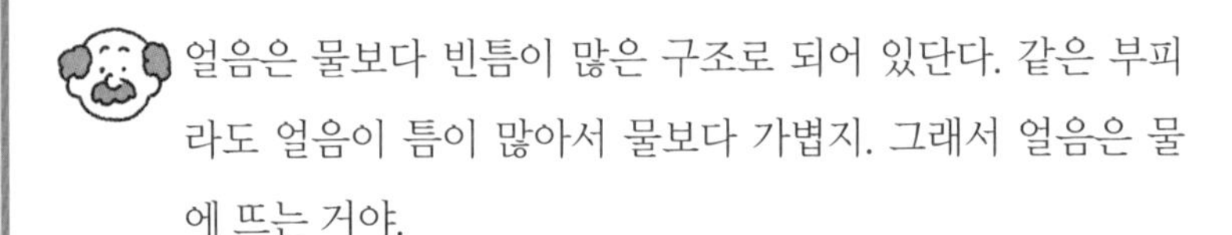

얼음은 물보다 빈틈이 많은 구조로 되어 있단다. 같은 부피라도 얼음이 틈이 많아서 물보다 가볍지. 그래서 얼음은 물에 뜨는 거야.

그렇구나! 빈틈이 많은 구조라는 건 어떤 모양인데요?

얼음은 물 분자가 육각형으로 배열된 구조란다. 이건 산소 원자와 수소 원자가 서로를 끌어당기는 수소 결합 덕분이지.

물 말고 다른 물질은 어떤가요?

일반적으로 물질은 고체가 액체보다 빈틈이 적어서 무거워지니까 액체에 가라앉는단다. 말하자면 물은 흔치 않은 경우지.

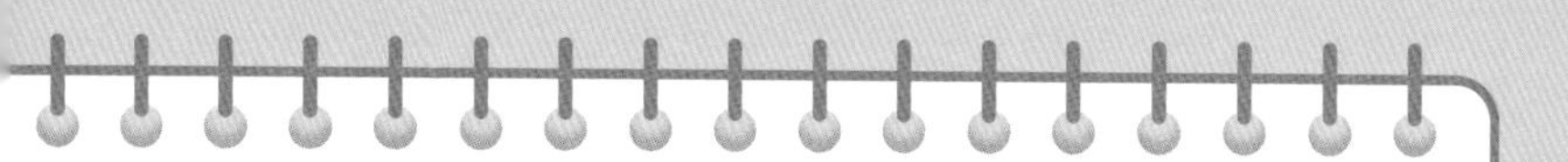

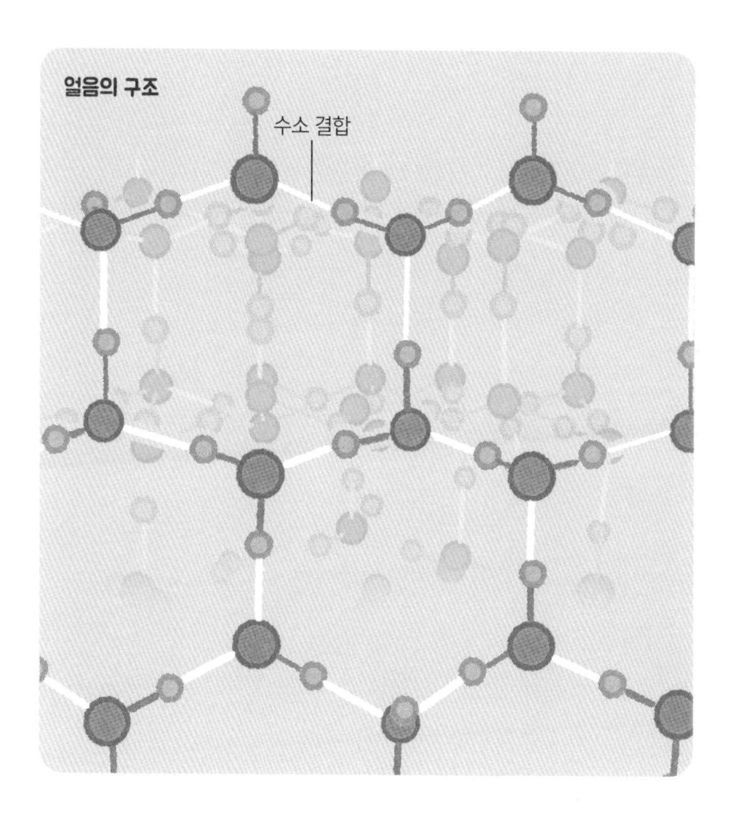
얼음의 구조
수소 결합

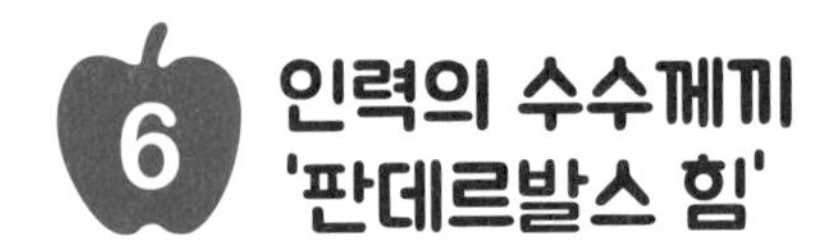

6 인력의 수수께끼 '판데르발스 힘'

이산화탄소는 왜 드라이아이스가 되나?

수증기는 식으면 물 또는 얼음이 된다. 이는 차가워지면서 움직임이 약해진 물 분자(H_2O)가 한쪽으로 치우친 전기로 인해 전기적으로 서로를 끌어당겨 뭉치기 때문이다. 한편 수소 분자(H_2)와 이산화탄소 분자(CO_2) 등 전기의 치우침 현상이 없는 듯 보이는 분자도 온도를 내리면 분자끼리 모여 액체수소나 드라이아이스가 된다. 이때 작용하는 인력은 무엇일까? **'어떤 분자에도 작용하는 수수께끼의 인력'은 바로 '판데르발스 힘'이다.** 이 힘은 네덜란드의 물리학자 판데르발스(1837~1923)가 처음 언급했다.

판데르발스 힘은 전기의 치우침 때문이다

현재 판데르발스 힘의 발생 원인은 주로 전기의 치우침 현상 때문으로 알려져 있다. 그렇다면 언뜻 전기의 치우침이 없어 보이는 분자의 어떤 부분에 그런 현상이 있는 걸까?

수소 원자 2개가 전자를 공유하는 수소 분자는 전기의 치우침이 없어 보인다. **그러나 특정 순간 시간을 멈추면 두 전자는 왼쪽이나 오른쪽으로 치우쳐 있다.** 이러한 순간적인 전기의 치우침 현상은 모든 분자에서 일어난다. 판데르발스 힘이 작용하는 것은 이 때문이다.

판데르발스 힘

판데르발스 힘의 발생 원인은 주로 전기의 치우침 현상 때문이다. 순간적으로 전기가 한쪽으로 치우친 결과 판데르발스 힘이 작용하여 분자끼리 끌어당긴다.

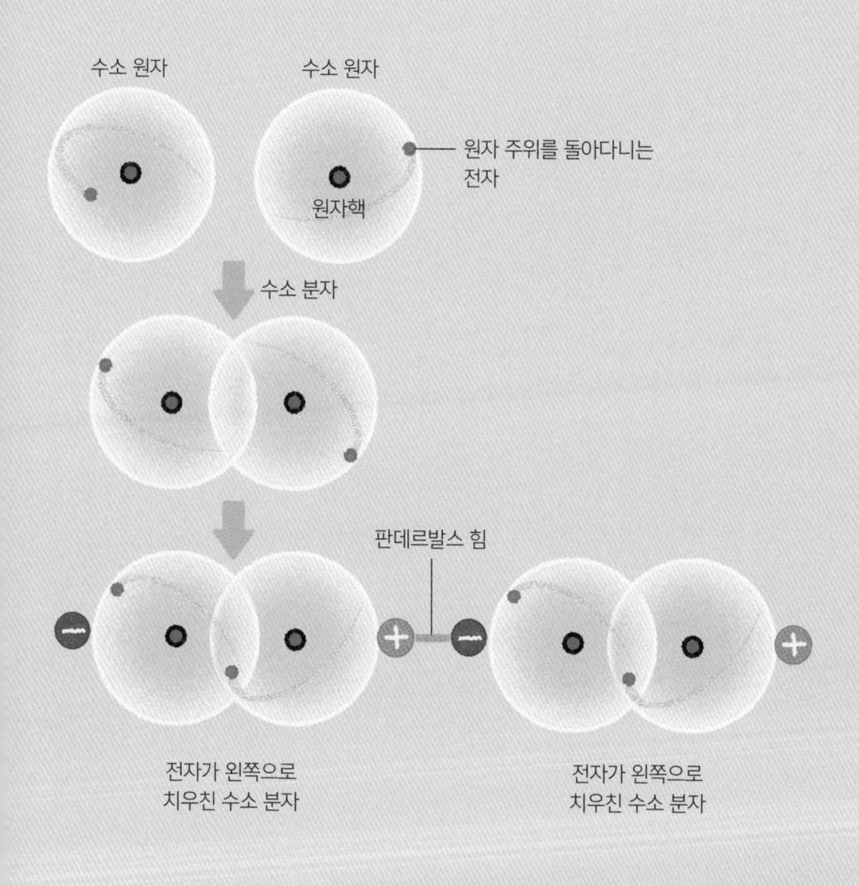

7 물질은 기체, 액체, 고체로 변화한다

공기 중에는 기체분자가 엄청난 속도로 날아다니고 있다

물질은 일반적으로 온도가 높은 것부터 기체, 액체, 고체의 세 가지 상태로 구분한다.

기체는 분자가 매우 빠른 속도로 날아다니는 상태다. 즉, 분자 자체가 회전하거나 진동하는 상태다. 분자의 밀도에 따라서 다르지만, 기체분자끼리 충돌이 계속 일어난다. 우리 눈앞의 공기 중에서 산소 분자와 질소 분자가 초속 수백 미터로 날아다니며 끊임없이 서로 충돌하고 있는 셈이다.

고체가 되면 분자는 자유롭게 이동할 수 없다

원자와 분자가 적당히 가까워지면 서로 인력이 작용한다. 기체의 온도가 떨어지면, 즉 분자의 속도가 느려지면 인력 때문에 서로 뭉친다. **이렇게 분자가 모인 것이 바로 액체다.** 다만 액체는 분자 간에 자유로운 이동은 가능하다. 분자 자체가 회전하거나 늘어나고 줄어드는 것은 기체와 동일하다.

온도가 더 떨어지면 인력이 더 강해져서 분자는 자유롭게 이동할 수 없어 한곳에 머무르게 된다. 이것이 고체다. 다만 고체도 원자와 분자는 정지해 있지 않다. 원자와 분자는 항상 그 자리에서 진동한다.

물질의 세 가지 상태

기체는 분자가 굉장한 속도로 날아다니는 상태다. 기체 온도가 떨어져 분자끼리 인력에 의해 뭉친 것이 액체다. 온도가 더 떨어지면 인력이 더 강해져 분자가 자유롭게 이동할 수 없어 고체가 된다.

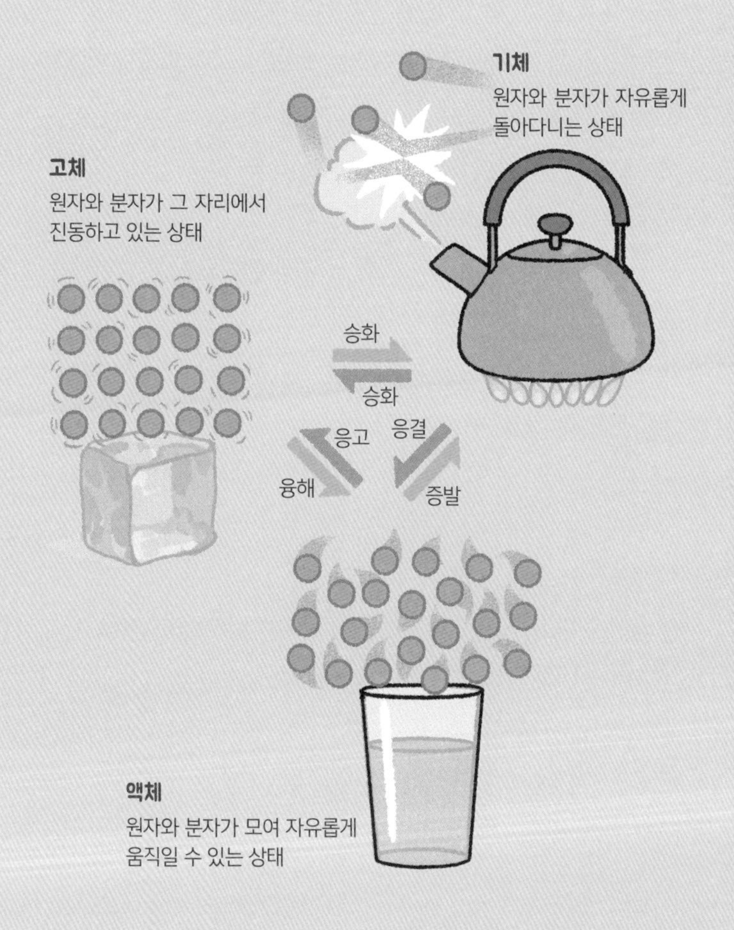

8 보석과 철이 원자가 결합된 결정이었다니

원자와 분자가 규칙적으로 정렬된 '단결정'

고체를 원자 수준에서 보면 대부분 원자와 분자 등이 규칙적인 정렬을 반복하고 있다. 이를 '결정'이라고 한다.

예컨대 보석 가운데 하나인 수정은 기본적으로는 투명하고 깨끗한 육각 기둥이다. 수정이 항상 규칙적인 형상을 갖추고 있는 이유는 결정 내의 원자와 분자가 결정 전체에 걸쳐 규칙적으로 배열되어 있기 때문이다. 이렇듯 고체가 규칙적으로 배열된 하나의 결정으로 이루어진 것을 '단결정'이라고 한다. 단결정을 이루는 원자와 분자를 연결하는 화학 결합에는 '이온 결합', '금속 결합', '공유 결합', '분자 간 힘'이 있다.

'단결정'이 모인 '다결정'

실제로 고체 대부분은 작은 단결정이 모여서 만들어진다. 이와 같이 작은 단결정들이 모인 것은 '다결정'이라고 한다.

방해석이 모여서 만들어진 대리석도, 장석이나 운모나 석영(수정) 등의 집합체인 화강암도 다결정이다. 보통 단결정으로 생각되는 철과 구리 등의 금속도 작은 단결정이 모인 다결정이다.

단결정의 원자 구조

다이아몬드와 소금(염화나트륨, NaCl), 고체 금은 원자와 분자가 규칙적으로 배열된 결정이다.

공유 결합에 따른 결정

다이아몬드

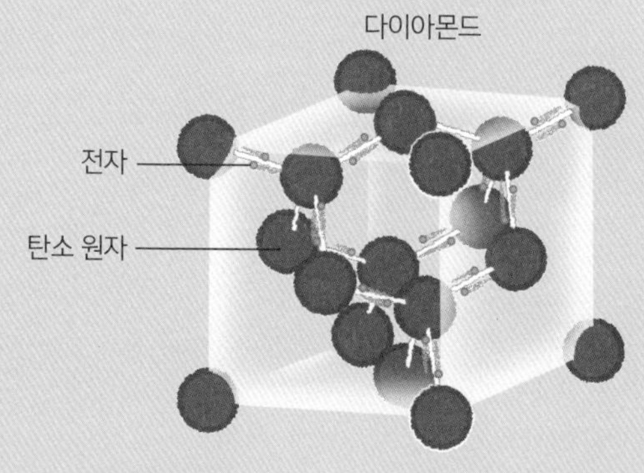

이온 결합에 따른 결정

염화나트륨

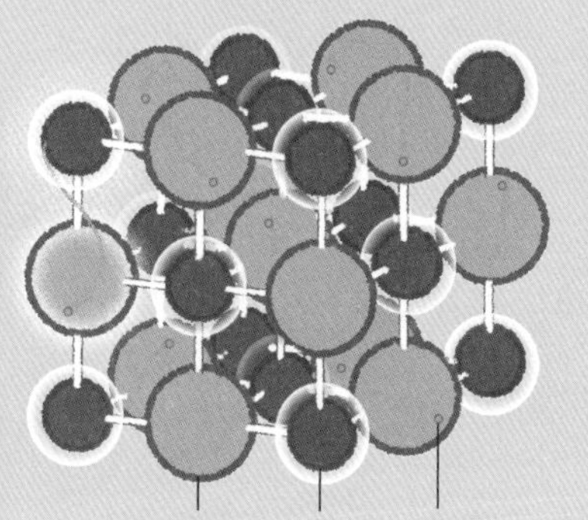

금속 결합에 따른 결정

금

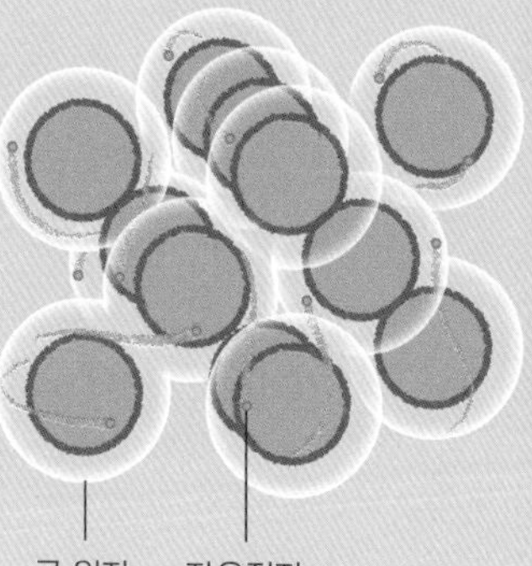

게코도마뱀의 판데르발스 힘

도마뱀의 친척 게코도마뱀은 수직 벽을 오르거나 천장을 거꾸로 기어오를 수 있다. **이처럼 게코도마뱀이 벽에서 떨어지지 않고 달라붙어 움직일 수 있는 것은 '판데르발스 힘' 덕분이다.** 판데르발스 힘이란 가까이 있는 원자끼리 전기적인 작용으로 서로를 끌어당기는 힘을 말한다(본문 64쪽).

게코도마뱀의 발바닥에는 매우 미세한 '섬모'가 나 있다. 이 섬모의 끝에는 '스패튤라(spatula)'가 있다. 스패튤라의 굵기는 수 나노미터(1nm는 100만 분의 1mm) 정도다. **이 스패튤라가 벽의 미세한 요철에 닿으면 벽의 원자가 스패튤라 바로 근처까지 접근한다.** 그 결과 스패튤라와 벽 사이에 판데르발스 힘이 발생한다.

스패튤라 한 올에 작용하는 판데르발스 힘은 미미한 수준이다. 그러나 게코도마뱀의 발에는 약 20억 개의 스패튤라가 있어 각각에 작용하는 판데르발스 힘이 합쳐지면 몸 전체를 지탱할 수 있게 된다.

물리학자 판데르발스

1837년 네덜란드의 라이덴에서 태어난 판데르발스는
독학으로 과학을 공부해 초등학교 선생님이 된다.

라이덴대학에서 물리학을 청강하지만
라틴어는 무리야!
Latine
LATINE
라틴어와 그리스어가 큰 걸림돌이었다.

그 후 중학교 선생님이 되었고
교장으로 있으면서 물리학 연구를 계속하여

논문 「기체와 액체의 연속성에 대하여」로 박사 학위를 취득하고
암스테르담대학 물리학 교수가 되었다.

분자 간의 인력을 발견하다

판데르발스는
액체와 기체를
연구하기 위한
상태방정식을
발표했다.

당시
영구기체라 불리던
수소와 헬륨 등의
액화를 가능하게
만들었고

나아가 분자 간
인력을 발견한다.

1910년
상태방정식에 관한
업적을 인정받아
노벨물리학상을
수상한다.

그는 물리학에
평생을 바치고
1923년
세상을 뜬다.

원자, 분자 간에
작용하는 약한
힘은 그의 이름을
기려
판데르발스 힘
이라 불리고 있다.

제3장
우리 주변의 수많은 이온

전지 속에서 일어나는 반응과 철이 녹스는 반응 등
우리 주변의 화학반응 중 대부분은
'이온'과 관련이 있다.
제3장에서는 이온이란 어떤 것인지 공부해보자.

1 '이온'이란 전기가 통할 때 움직이는 입자

물이 수소와 산소로 분리되는 건 전기 때문

지금부터는 '이온'에 대해 살펴보자. 이온은 1834년 영국에서 마이클 패러데이(1791~1867)가 명명했다. 패러데이는 전지의 양끝을 연결한 전선을 물에 담그면 각각의 전선에서 기체 산소와 수소가 발생한다는 사실을 밝혔다. **이 연구는 1800년대 이탈리아의 과학자 알렉산드로 볼타(1745~1827)가 최초의 전지를 발표한 데서 시작되었다.**

'가다'라는 말을 따서 '이온(ion)'이라 이름 붙이다

당시 전기는 미지의 현상이었다. 패러데이는 엄격한 실험을 통해 전기의 성실을 차례로 밝혀냈다. 그리고 그는 전기를 통하게 하면 물질은 전기의 영향을 받아 분해되고, 분해된 물질이 전극으로 이동한다고 생각했다. **그리고 전극에 이끌리듯이 이동하는 물질을 그리스어로 '가다'라는 뜻의 '이온(ion)'이라고 이름 붙였다.** 나아가 마이너스 극(음극)으로 '가는' 물질을 '양이온', 플러스 극(양극)으로 '가는' 물질을 '음이온'이라고 했다.

패러데이가 고안해낸 '이온'

패러데이는 물에 전기를 통하게 하면 물질이 두 개로 나뉘어 전극을 향해 움직인다고 생각했다. 그는 전극을 향해 움직이는 물질을 이온이라고 이름 붙였다.

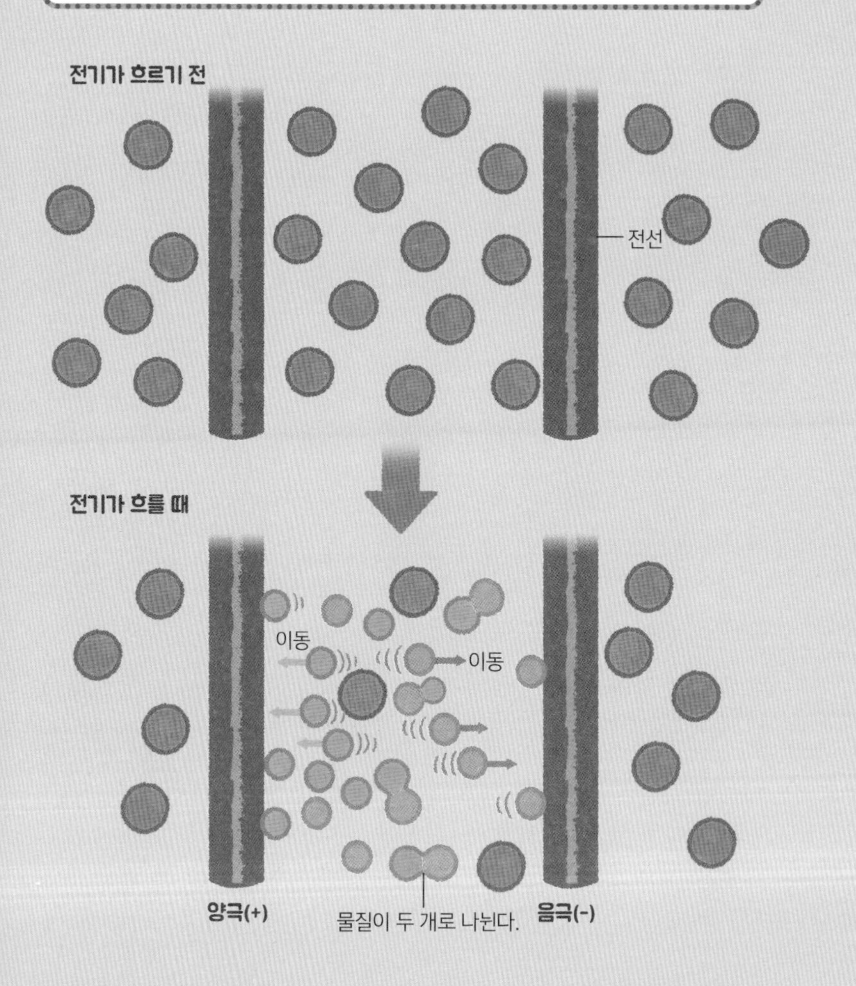

2 원자와 이온의 차이는 전자의 수

이온은 양성자와 전자의 수가 일치하지 않는다

원자의 구조는 20세기 들어 밝혀졌다. 원자는 '양성자'와 '중성자'로 구성되는 원자핵과 전자로 이루어져 있다. 이 발견으로 이온의 정체도 밝혀졌다.

모든 원자는 양성자 수와 전자 수가 같다. 그러나 어떤 원자는 11개 있어야 하는 전자가 이온 상태에서는 10개밖에 없었다. 또 어떤 원자는 전자가 7개 있어야 하는데 이온 상태에서 8개나 있었다. **즉, 이온 상태에서는 양성자와 전자의 수가 일치하지 않는 것이다.**

양성자의 수가 많은 양이온, 전자의 수가 많은 음이온

양성자는 플러스 전기(전하)를 띠고 전자는 마이너스 전기(전하)를 띤다. **따라서 플러스 전하를 띤 양성자의 수가 마이너스 전하를 띤 전자의 수보다 많으면, 이온 전체가 플러스 전하를 띠게 된다.** 이것이 '양이온'의 정체다. **반대로 전자의 수가 양성자의 수보다 많으면 이온 전체가 마이너스 전하를 띤다.** 이것이 '음이온'이다.

원자와 이온

원자와 이온을 비교해보자. 아래는 원자·이온의 구조와 각각의 양성자·전자의 수를 나타낸 그림이다. 원자는 같은 수의 양성자와 전자를 가진다. 그러나 이온에서는 양성자와 전자의 수가 같지 않다.

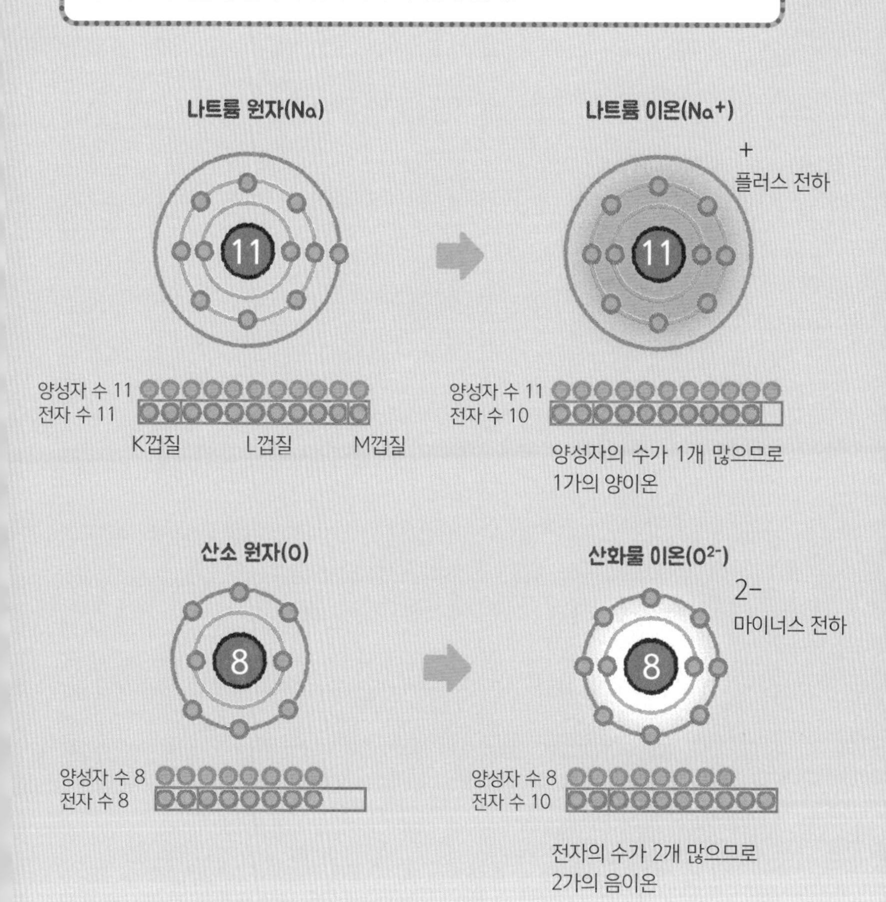

3 전자의 '빈자리' 수로 어떤 이온이 될지가 결정된다

이온의 종류를 나누는 열쇠는 '전자껍질'에 있다

아래 그림은 주기율표에 나열된 원소의 원자 구조(위쪽)와 이온(아래쪽)을 그린 것이다. 원자가 이온이 될 때 전자의 수가 몇 개 늘어나고 줄어드는지 정해진 규칙은 없는 걸까?

이때 중요한 것이 바로 '전자껍질'이다. 전자껍질에는 전자가 앉기 위한 '자리'가 준비되어 있다. 가장 바깥쪽의 전자껍질(최외각)에 있는

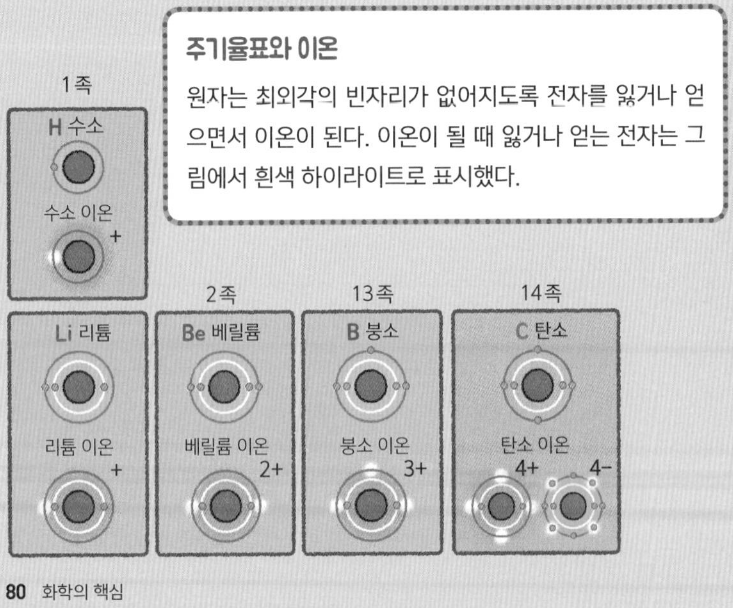

주기율표와 이온

원자는 최외각의 빈자리가 없어지도록 전자를 잃거나 얻으면서 이온이 된다. 이온이 될 때 잃거나 얻는 전자는 그림에서 흰색 하이라이트로 표시했다.

자리가 전자로 메워지면 안정적인 상태가 된다.

빈자리 수로 전자가 몇 개 늘어나고 줄어드는지 결정된다

예를 들어 플루오린 원자는 최외각에 빈자리가 1개밖에 없다. 따라서 전자가 1개 늘어나 음이온이 되면 빈자리가 채워져 안정된다. 반면에 리튬 원자는 최외각에 전자가 1개만 있고 나머지 7개는 빈자리다. 그래서 최외각 전자 1개를 잃고 양이온이 되면 안정된다.

원자는 최외각에 있는 빈자리 수에 따라 전자가 몇 개 늘어나고 줄어들어 이온이 될지가 정해진다. 주기율표의 세로줄은 최외각에 있는 빈자리 수가 거의 같기 때문에 이온이 될 때 전자의 증감 수가 대체로 같다.

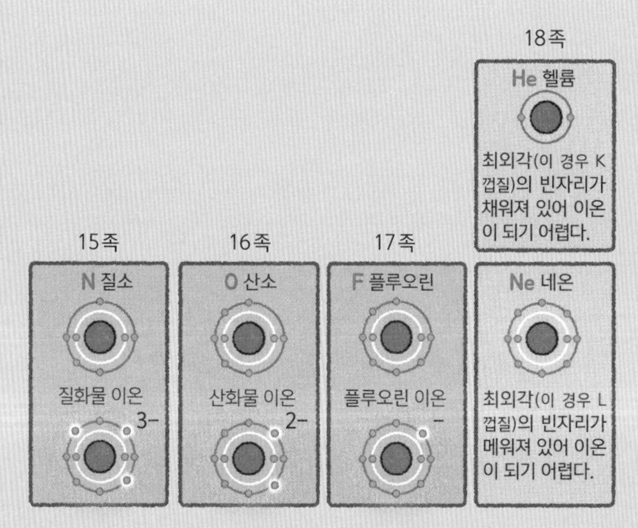

4 물 분자가 데려가면 결정이 녹는다

물에 넣으면 결합해 있던 이온이 나뉜다

58쪽에서 설명했듯이 소금(염화나트륨, NaCl)은 나트륨 이온(Na^+)과 염화물 이온(Cl^-)이 이온 결합으로 만들어진 물질이다. 소금을 물에 넣으면 처음에는 눈에 보이던 알갱이가 서서히 녹아 시간이 지나면 보이지 않는다. 이때 물속에서는 무슨 일이 일어나는 걸까?

물질이 물에 녹는 현상은 물질이 물 분자와 균일하게 섞이면서 일어난다. 소금을 물에 넣으면 결합해 있던 두 종류의 이온이 둘로 나뉘어 각각 물과 섞인다.

물 분자가 둘러싸고 이온을 빼돌린다

이온은 왜 나뉠까? 이는 물의 '극성'이라는 성질 때문이다. 물 분자 1개에는 약한 플러스 부분과 약한 마이너스 부분이 있다. **그래서 소금을 물에 넣으면 물 분자의 마이너스 부분은 플러스 전하를 띤 나트륨 이온을 끌어당기고, 플러스 부분은 마이너스 전하를 띤 염화물 이온을 끌어당긴다.** 그리고 물 분자 몇 개가 이온을 둘러싸며 고체인 소금으로부터 이온을 빼앗아간다. 이렇게 소금처럼 물속에서 이온으로 나뉘는 물질을 '전해질'이라고 한다. 반대로 물속에서 이온으로 나뉘지 않는 물질을 '비전해질'이라고 한다.

소금은 이온으로 나뉘어 녹는다

아래 그림은 소금(염화나트륨)이 물에 녹는 모양이다. 염화물 이온과 나트륨 이온이 물 분자에 의해 따로따로 떨어진다. 염화물 이온은 물 분자의 플러스 부분(δ+)에 둘러싸이고(A), 나트륨 이온은 물 분자의 마이너스 부분(δ-)에 둘러싸여(B) 물 분자와 서로 섞이며 녹는다.

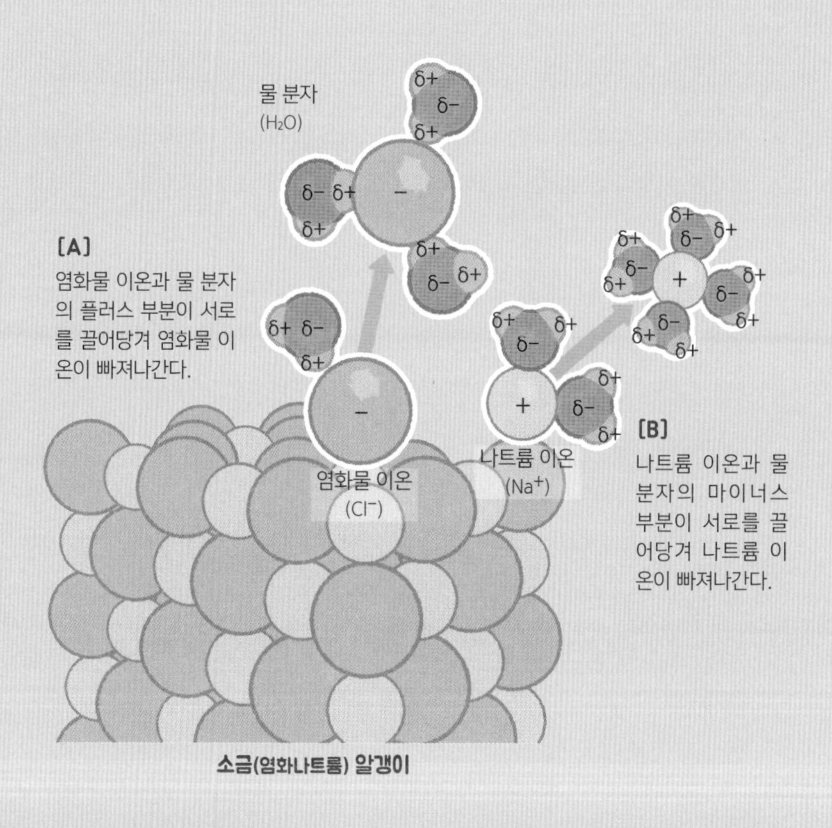

소금(염화나트륨) 알갱이

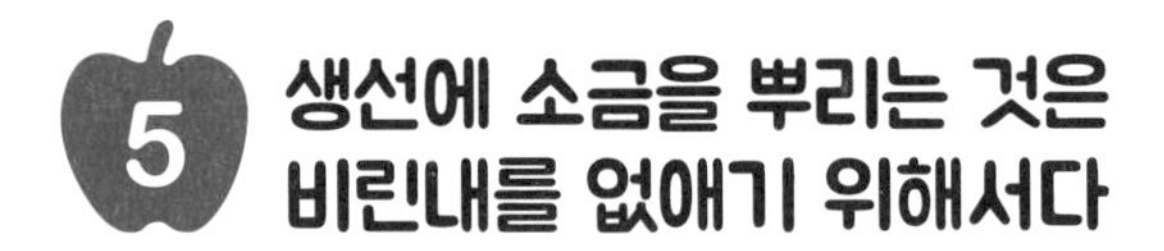

5 생선에 소금을 뿌리는 것은 비린내를 없애기 위해서다

✤ 어류의 세포막은 소금을 통과시키지 않지만 물은 통과시킨다

생선을 구울 때는 소금을 뿌린다. 이는 맛을 좋게 하기 위해서만이 아니다. 소금을 뿌리면 생선 살 표면에 진한 소금물 층이 생긴다. **이때 생선의 세포를 덮는 막(세포막)은 소금(염화나트륨, NaCl)은 통과시키지 않지만 물(H_2O)은 통과시킨다.** 이와 같은 막을 '반투막'이라 한다.

물 분자는 반투막을 통과할 수 있지만, 소금 등이 다량으로 녹아 있으면 물 분자의 움직임에 제약이 생겨 반투막을 통과할 수 있는 물 분자 수가 줄어든다. 즉, 소금물에서는 생선의 세포로 소금이 이동하지 않고 물 분자도 이동이 어렵다. 반면에 생선의 세포에서는 물 분자가 소금물로 계속 이동한다.

✤ 반투막이 있을 때 물은 염분이 진한 쪽으로 이동한다

이렇듯 일반적으로 염분의 농도가 다른 두 종류의 물 사이에 반투막(이 사례에서는 세포막)이 있으면, 물은 염분이 높은 쪽으로 이동한다. 따라서 날생선에 소금을 뿌리면 표면에 물이 스며 나온다. **비린내 성분은 생선 살이 닫히면서 스며 나온 물과 함께 밖으로 빠져나간다.** 이처럼 반투막을 통해 물을 이동시키는 압력을 '삼투압'이라고 한다.

소금을 뿌린 생선의 표면

생선에 소금을 뿌렸을 때의 모습이다. 생선 표면에서는 나트륨 이온과 염화물 이온이 물 분자와 달라붙어 큰 구조가 된다. 소금물에서는 생선의 세포로는 물 분자가 이동하기 어려워진다. 반면 생선의 세포에서 바깥 방향으로는 물이 계속 이동한다.

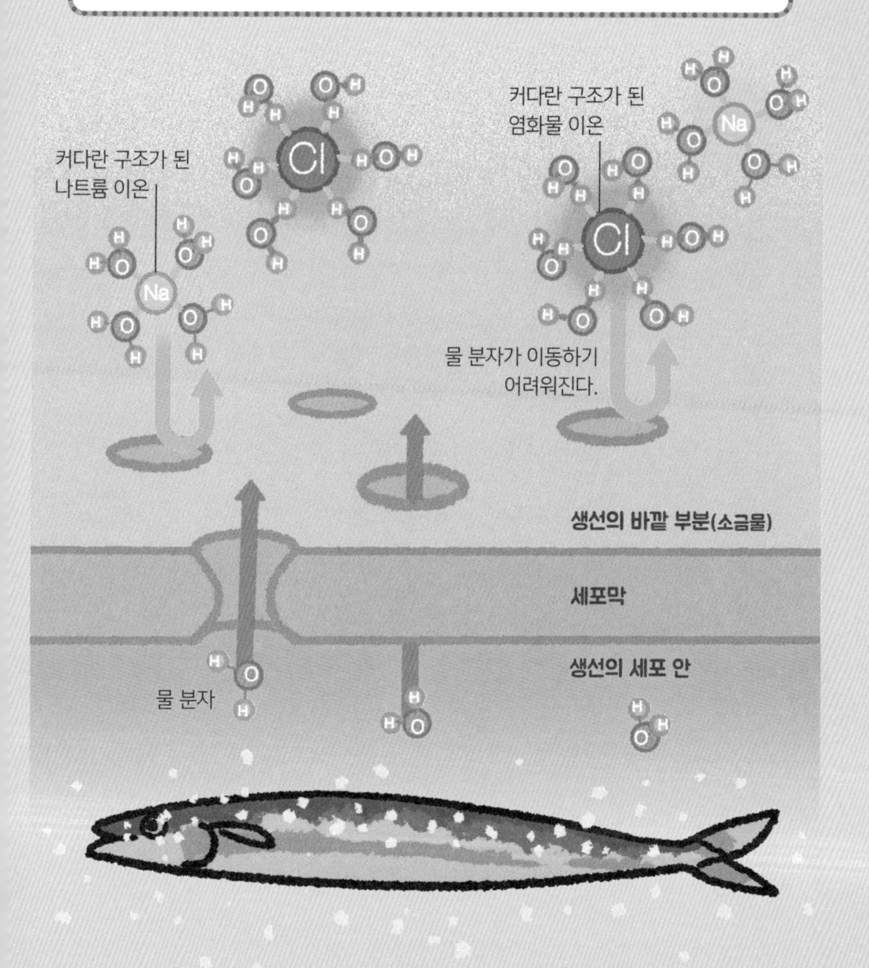

세상에서 가장 냄새나는 음식

스웨덴에는 '수르스트뢰밍'이라는 청어 발효 통조림이 있다. 이 통조림은 세상에서 제일 고약한 냄새가 나는 식품이다! **냄새는 낫토의 18배라고 한다**. 스웨덴어로 '수르'는 '시다', '스트뢰밍'은 발트해의 '청어'를 뜻한다.

수르스트뢰밍은 지나친 발효로 발생하는 기체 때문에 캔이 팽창하는 일도 있다. **상온에 보관하면 폭발하는 경우도 있다.** 개봉 시 내용물이 뿜어져 나올 때도 있어 캔을 열 때는 튀지 않도록 매우 조심해야 한다.

현지에서는 '툰브뢰트'라는 얇은 빵에 채를 썬 삶은 감자, 다진 적양파, 고트 치즈, 사워크림, 버터 등을 올린 뒤 말아서 먹는다. 냄새는 강렬하지만, 안초비처럼 맛있다고 한다.

SURSTRÖMMING

6 신맛과 쓴맛은 이온이 만들어낸다!

신맛이 나는 '산'

레몬에서 신맛이 나는 것은 구연산이라는 '산'이 포함되어 있기 때문이다. **산이란 물에 녹았을 때 '수소 이온(H^+)'을 방출(해리)하는 물질이다.** 신맛이 나는 이유는 산에서 발생한 수소 이온이 혀의 미각 센서를 자극하기 때문이다. 예를 들어 염화수소(HCl)를 물에 녹이면 수소 이온(H^+)과 염화물 이온(Cl^-)이 발생하며 수용액은 강한 산성을

산과 염기

산은 물에 녹였을 때 수소 이온을 발생시키고, 염기(알칼리)는 물에 녹였을 때 수산화물 이온을 발생시킨다.

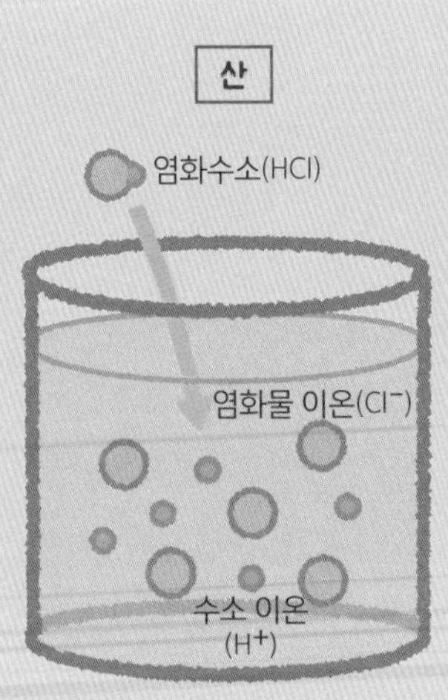

산은 수소 이온을 발생시킨다.

나타낸다.

◆ 쓴맛이 나는 '염기'

'염기'는 쓴맛이 있고 산과 반응하는 물질이다. 염기 중 물에 녹는 물질을 특히 '알칼리'라고도 부른다. **염기를 물에 녹이면 '수산화물 이온(OH^-)'이 발생한다.** 염기성 수용액의 성질은 수산화물 이온에서 비롯된다. 예를 들어 암모니아를 물에 녹이면 물 분자가 수소 이온 1개를 잃어 수산화물 이온이 발생한다. 그러면 수용액은 염기성을 띠게 된다.

산과 염기가 반응하면 '염'과 물이 발생한다. 이를 '중화'라고 한다. 이 중화 현상으로 산성과 염기성이 사라진다.

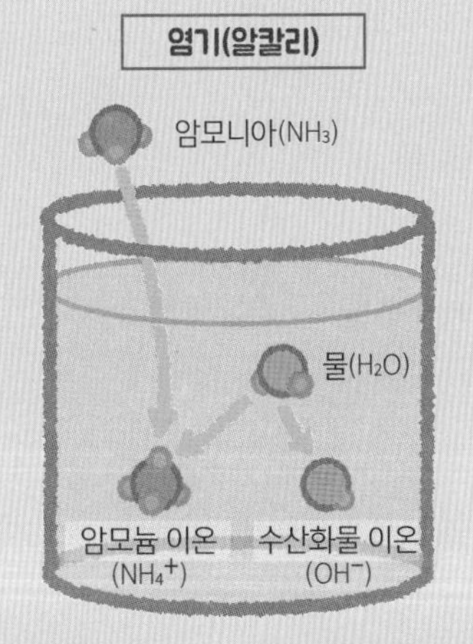

염기는 수산화물 이온을 발생시킨다.

암모니아를 물에 녹이면
물 분자에서 수소 이온이 빠져나가
수산화물 이온이 발생해.

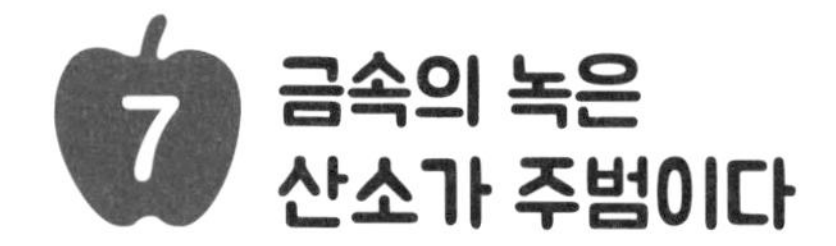

7 금속의 녹은 산소가 주범이다

금속이 녹스는 데는 '산화'가 관련 있다

우리 주변에서 흔히 볼 수 있는 금속의 녹은 모두 '산화'라는 현상과 관련이 있다. 산화란 무엇일까? 일상에서 일어나는 산화 대부분은 물질이 '산소 원자와 결합하는 것'을 말한다. 예를 들면 산소 가스(O_2) 안에서 구리(Cu)를 가열하면 산화구리(CuO)가 된다.

붉은 녹의 정체는 산화철

우리가 생활 속에서 관찰할 수 있는 녹에서는 조금 더 복잡한 반응이 일어난다. 철에 빗물 등의 물이 닿으면 우선 철 이온(Fe^{2+})이 녹기 시작한다. 그와 동시에 물 분자(H_2O)와 물에 녹은 산소 분자(O_2)가 철 이온과 결합해서 붉은색 '수산화철($Fe(OH)_3$)'로 변화한다. 또 수산화철이 물속의 산소 분자와 반응해 '산화철(Fe_2O_3)'로 변화해 금속 표면에 달라붙는다. 이것이 바로 붉은 녹의 정체다. **철에 녹이 슬면 표면이 울퉁불퉁하게 되는 이유는 철 이온이 녹아 나와 한층 더 붉은 녹이 표면에 붙기 때문이다.**

철이 녹스는 화학반응

물속의 산소 분자와 물 분자가 철에서 전자를 빼앗아 철 이온(Fe^{2+})과 수산화물 이온(OH^-)을 만들기 시작한다. 발생한 철 이온은 수산화물 이온과 바로 반응하여 붉은색 수산화철($Fe(OH)_3$)이 되고, 일부는 철판 위에 달라붙은 상태에서 산소와 반응해 산화철(Fe_2O_3)이 된다.

1. 철이 이온이 된다

철은 물이 닿으면 이온이 된다. 물 분자와 산소가 전자를 받아들여 수산화물 이온이 생긴다.

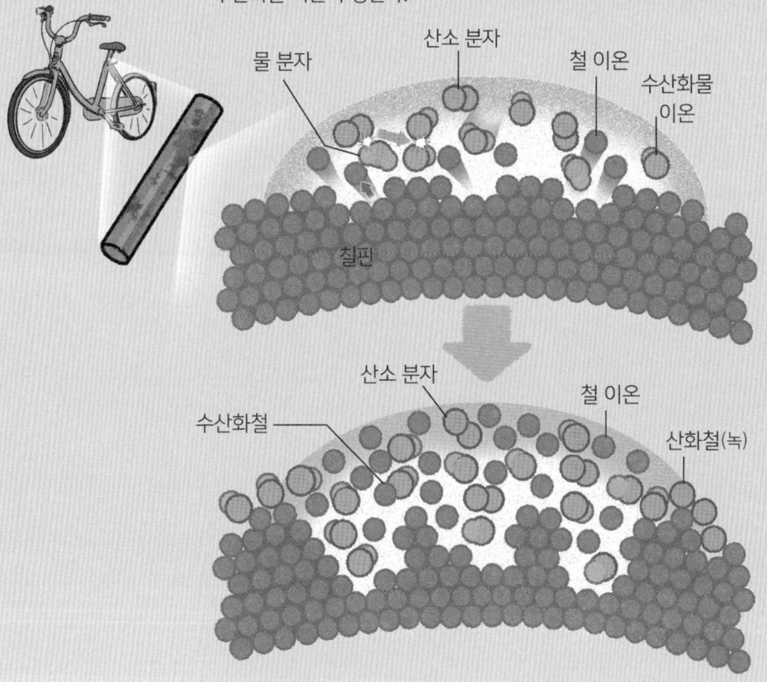

2. 산소와 결합하여 녹이 슨다

철 이온과 수산화물 이온은 수산화철이 되어 물을 붉게 만든다. 그리고 산소 분자와 반응하여 산화철이 되어 붉은 녹이 슨다.

8 전지는 금속 이온을 이용한 것

◆ 금속에서 금속으로 전자가 이동하며 전기가 흐른다

우리 생활에 필수품인 전지. **전지의 구조는 금속이 얼마나 양이온이 되기 쉬운가와 관련이 있다.** 전기는 쉽게 양이온이 되는 금속에서 그렇지 않은 금속으로 전자가 이동하면서 흐른다.

◆ 마이너스 금속에서 플러스 금속으로 전자가 흐른다

금속이 양이온으로 변하기 쉬운 성질을 '이온화 경향'이라는 지표로 나타낸다. 특히 이온화 경향이 큰 순서로 금속을 정렬한 것을 '이온화 서열'이라고 하며, 이 순서는 전지 등 금속의 반응을 고려하는 데 중요한 열쇠가 된다.

아연(Zn)과 구리(Cu)의 경우를 생각해보자. **아연판과 구리판을 전선으로 연결해 연한 황산(H_2SO_4)에 넣으면, 쉽게 양이온이 되는 성질을 가진 아연이 전자를 방출하며 아연 이온이 되어 녹기 시작한다. 그리고 방출된 전자는 양이온으로 잘 변하지 않는 구리판 쪽으로 흘러간다.** 전기는 이런 식으로 전선을 통해 흐른다. 이것이 전지의 기본 구조다.

이온과 전지의 전극 관계

그림은 이온화 경향이 큰 순서로 금속을 정리한 이온화 서열이다(위쪽 그림). 이온화 경향이 큰 아연과 이온화 경향이 작은 구리를 연한 황산 용액에 담그고 전선을 연결하면 전자가 흘러나가 전지가 만들어진다(아래쪽 그림).

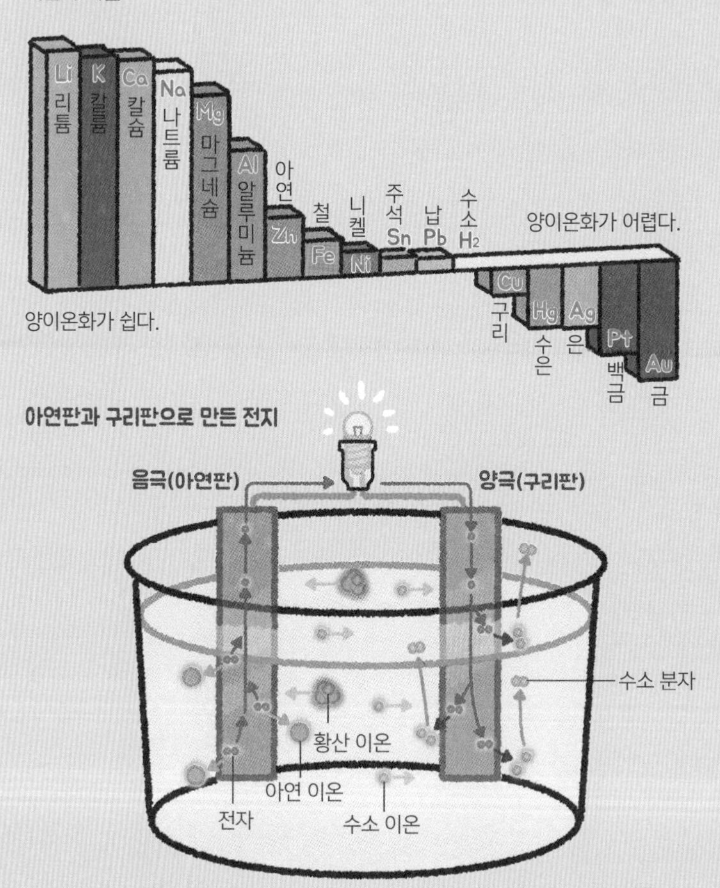

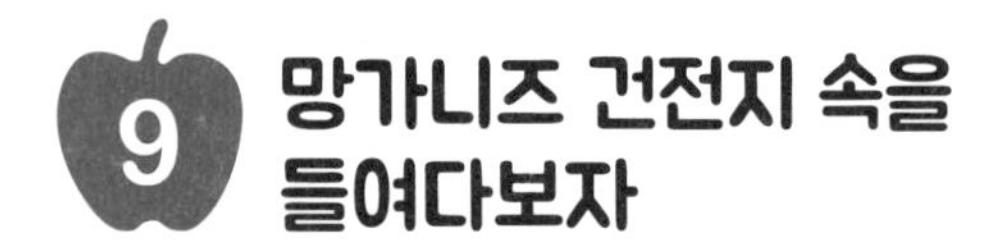

9 망가니즈 건전지 속을 들여다보자

전자의 방출과 주고받음이 다른 장소에서 일어난다

어떤 전지(화학전지)나 기본적으로 구조는 같다. **전지는 전자를 방출하는 반응과 전자를 받아들이는 반응이 다른 장소에서 일어나도록 하고, 그것을 전선으로 연결해 전기의 흐름을 얻는 구조다.**

일반적으로 자주 사용하는 '망가니즈 건전지'의 내부를 살펴보자(오른쪽 그림). 아연(Zn)과 이산화망가니즈(MnO_2)가 전극으로 사용되고, 전해액으로는 염화아연($ZnCl_2$)과 염화암모늄(NH_4Cl) 수용액이 쓰인다. 양극과 음극이 접지하여 쇼트(short-circuit, 단락)가 일어나지 않도록 전기의 흐름을 막아주는 세퍼레이터가 두 극 사이에서 칸막이 역할을 해준다.

양극과 음극에 무엇을 사용하느냐에 따라 전지의 전압이 결정된다

전해액을 반죽 상태로 만든 뒤 이산화망가니즈를 흑연(C) 분말과 섞어 전해액 누출이 적은 마른 전지로 만든다. **음극에 쓰이는 아연과 양극의 이산화망가니즈를 전선으로 연결하면 아연 이온이 전해액에 녹아 전선에 전기가 흐르기 시작한다.** 전지의 기본 구조는 같으며, 이온이 전기의 흐름을 만든다.

망가니즈 건전지

망가니즈 건전지는 음극에 아연(Zn), 양극에 이산화망가니즈(MnO_2)를 사용한다. 음극에서는 아연이 전극에 전자를 두고 아연 이온(Zn^{2+})이 된다. 전자는 전선을 타고 양극으로 간다. 양극에서는 탄소를 통과한 전자를 이산화망가니즈가 받아들인다.

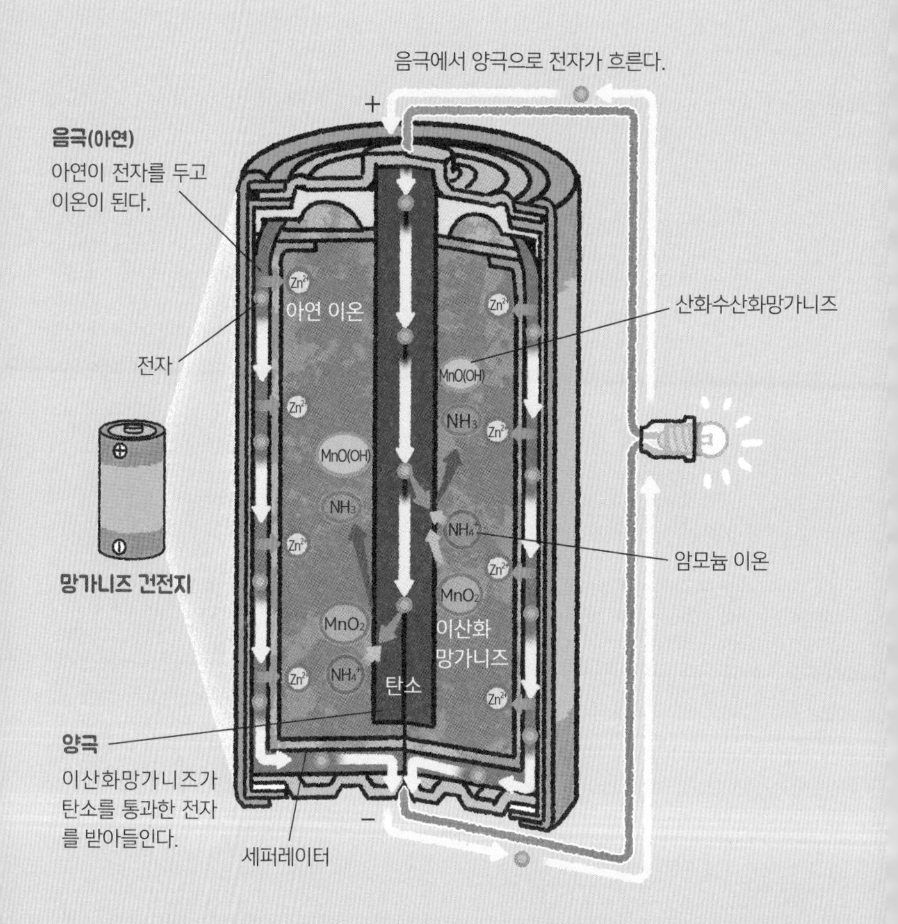

오징어와 문어의 피는 파랗다

우리의 몸을 돌고 있는 혈액은 붉은색을 띤다. 그러나 모든 동물의 혈액이 붉은 것은 아니다. 그중에는 파란색 피를 가진 동물도 있다.

인간의 혈액이 붉은 이유는 적혈구에 들어 있는 철분 때문이다. 인간은 폐로 흡입한 산소를 헤모글로빈의 헴 철(Heme Iron)에 실어 전신으로 보낸다. 이 헴 철이 붉은색을 띠기 때문에 인간의 혈액이 붉은색으로 보인다.

반면에 오징어나 문어는 아가미로 빨아들인 산소를 운반하는 데 철이 아닌 구리를 사용한다. 이때 단백질에 결합한 구리 이온 2개에 산소 분자가 달라붙어 파란색이 된다. 오징어나 문어의 피가 파란색을 띠는 것은 이 때문이다. 신기하게도 마치 에일리언 같다. 오징어와 문어 등 연체동물 외에도 새우나 게 등의 갑각류도 피가 파란색이다. 이들은 죽은 뒤 시간이 지나면 구리 이온에서 산소가 떨어져 나가서 혈액이 반투명해진다.

SURSTRÖMMING

제4장
현대사회에 필수불가결한 유기물

유기물은 탄소, 수소, 산소 등
적은 종류의 원소로 이루어져 있는데도
무기물보다 종류가 훨씬 많다.
그 열쇠를 쥔 것이 바로 '탄소 원자'다.
제4장에서는 유기물에 대해 집중적으로 알아보자.

1 탄소 원자에서 비롯된 물질을 연구하는 유기화학

'생물에서 얻을 수 있는 것'을 '유기물'이라 불렀다

화학은 크게 '무기화학'과 '유기화학'으로 나뉜다. 18세기 후반 화학자들은 동식물과 그것으로 만든 술이나 염료 등 '생물에서 얻을 수 있는 것'을 '유기물(Organic Compound)'이라고 불렀다. 한편 그 밖의 암석이나 물, 철, 금 등은 '무기물(Inorganic Compound)'이라고 불렀다.

유기물은 무기물보다 종류가 훨씬 많다

현재 알려진 원소 118종류 대부분은 무기물을 만들어낸다. 무기물은 어느 원소를 어느 정도의 비율로 포함하고 있느냐에 따라 성질이 달라진다.

한편 유기물의 성질을 결정하는 것은 주로 원소의 결합방식이다. 18세기 말 유기물은 탄소(C), 수소(H), 산소(O), 질소(N) 등 몇 안 되는 원소로 이루어져 있다는 사실이 밝혀졌다. 유기물의 성질이 서로 다른 것은 원소의 종류가 아니라 원소가 결합하는 방식이 다르기 때문이다. 유기물은 극히 일부의 원소로 되어 있지만 무기물보다 종류가 매우 많다. 그중에서도 중요한 것이 탄소 원자다. 그리고 이 탄소가 만드는 다양한 물질을 연구하는 화학이 '유기화학'이다.

우리 주변의 유기물

우리 주변에 있는 물질 대부분은 유기물이다. 어떤 유기물이든 탄소를 비롯해 적은 종류의 원소로 구성되어 있다.

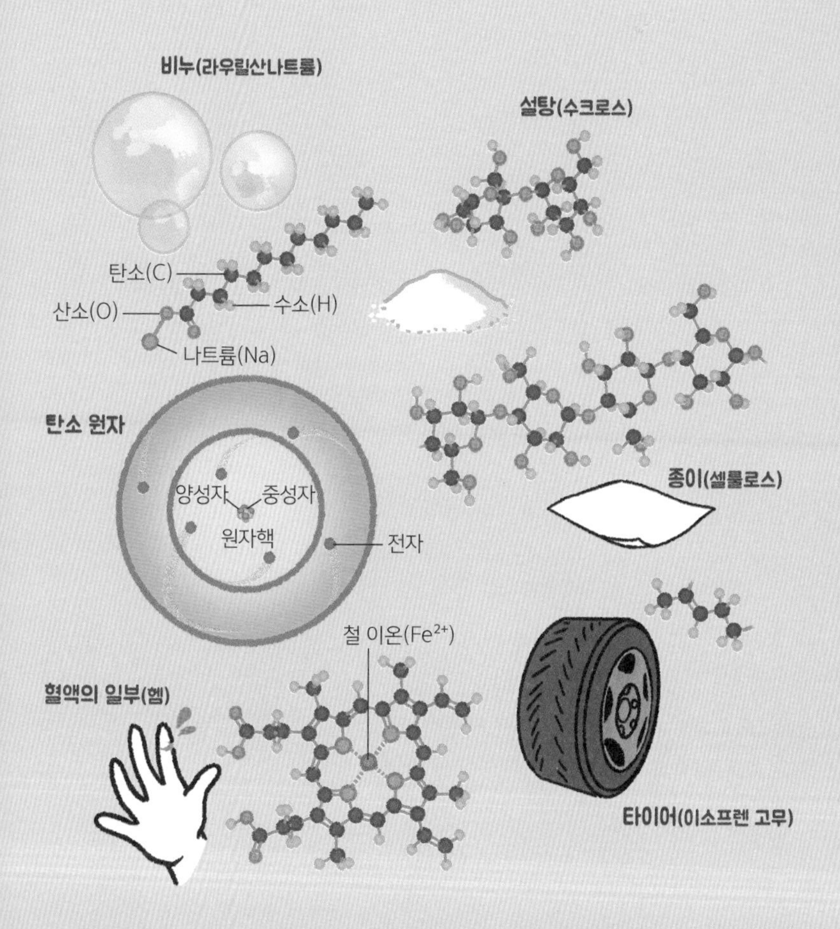

2 19세기, 유기물은 철저하게 분해되었다

유기물은 태우면 기체가 되어 사라진다

프랑스의 화학자 앙투안 라부아지에(1743~1794)는 "물질을 계속해서 분해하면 원소에 다다르게 된다"고 발표했다. 이 발표를 계기로 유스투스 리비히(1803~1873) 등 많은 화학자가 일상생활과 가까운 물질을 연구하게 되었다. **당시 화학자들은 유기물을 태워서 발생하는 기체를 종류별로 추출해 무게를 재면 유기물의 원소 비율을 구할 수 있을**

리비히의 원소 분석 장치

유기물에 포함된 탄소, 수소, 산소의 비율을 조사하기 위해서는 우선 유기물을 연소시킨다. 이때 발생하는 수증기와 이산화탄소의 무게를 측정해 각각의 원소 비율을 구한다.

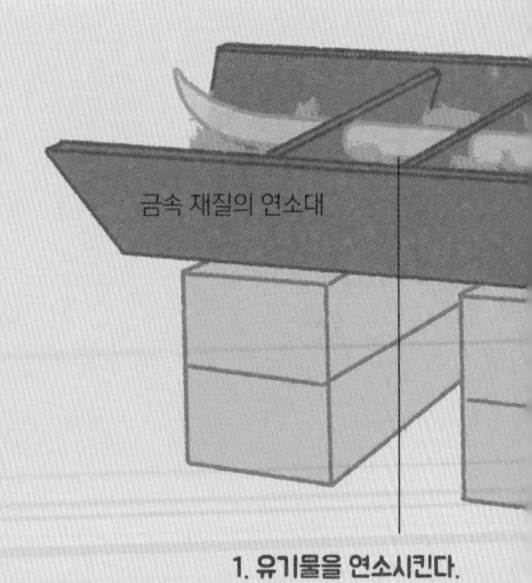

것으로 생각했다. 그러나 발생한 기체를 남김없이 모아 정확하게 측정하는 것은 어려운 일이었다.

유기물별로 탄소, 수소, 산소의 비는 무수하다

이 문제를 해결한 사람이 리비히다. **유스투스 리비히는 1830년경 유기물에 포함된 탄소, 수소, 산소를 정확히 알아낼 수 있는 장치를 발명했다.** 훗날 많은 화학자가 이 장치를 사용했다.

이 장치를 사용하면 다양한 유기물이 포함한 탄소, 수소, 산소의 비를 '1 : 2 : 1', '6 : 10 : 5' 등으로 구할 수 있다. 이후 유기물별로 무수한 수의 비율이 존재한다는 사실이 밝혀지기 시작했다.

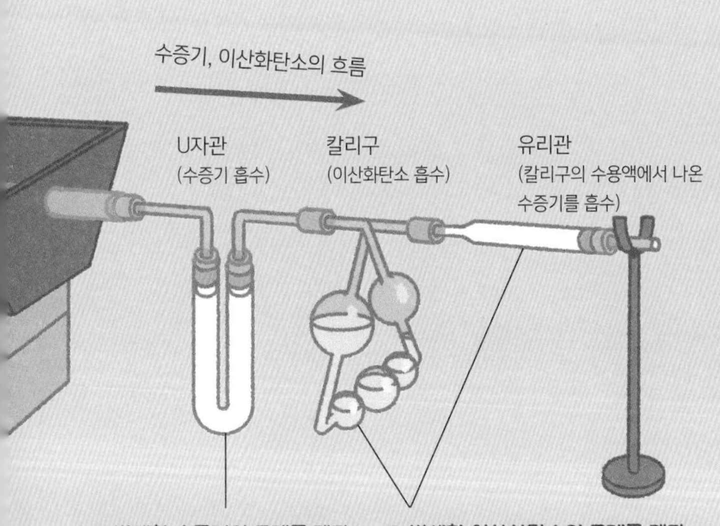

3 탄소의 손 4개가 다채로운 유기물을 만든다

화학자들은 다양한 분자의 모습을 추리했다

리비히의 장치 덕에 유기물은 탄소 등 소수의 원소로 되어 있고, 유기물의 원소 비는 무수하다는 사실이 밝혀졌다. **이제 화학자들은 탄소, 수소, 산소 등의 원자가 조합하여 생기는 '분자'의 형태가 유기물 간의 성질 차이와 관계가 있을 수도 있다고 생각했다.** 그리고 다양한 분자의 모습을 추측했다.

탄소는 손이 4개

리비히가 측정장치를 고안한 지 20년 후, 영국의 화학자 에드워드 프랭클랜드(1825~1899)가 "각각의 원자는 손을 갖고 있으며 서로의 손을 잡아 결합한다"고 주장했다. **그리고 1858년 독일의 화학자 아우구스트 케쿨레(1829~1896)가 '산소는 손이 2개, 수소는 손이 1개'라는 설을 발표한 데 이어 '탄소는 손이 4개 있어 한 번에 원자 4개와 결합할 수 있다'는 새로운 학설을 내놓았다.** 이러한 학설은 다양한 유기화합물의 수수께끼를 설명할 수 있었기 때문에 화학자들에게 차츰 수용되었다. 유기화합물의 모습은 이런 방식으로 서서히 밝혀졌다.

원소는 '손'으로 결합한다

19세기 화학자들은 원자는 '손'을 가지고 있으며 서로의 손을 잡아 결합한다고 생각했다. 탄소는 손이 4개, 산소는 2개, 수소는 1개라고 추측했다.

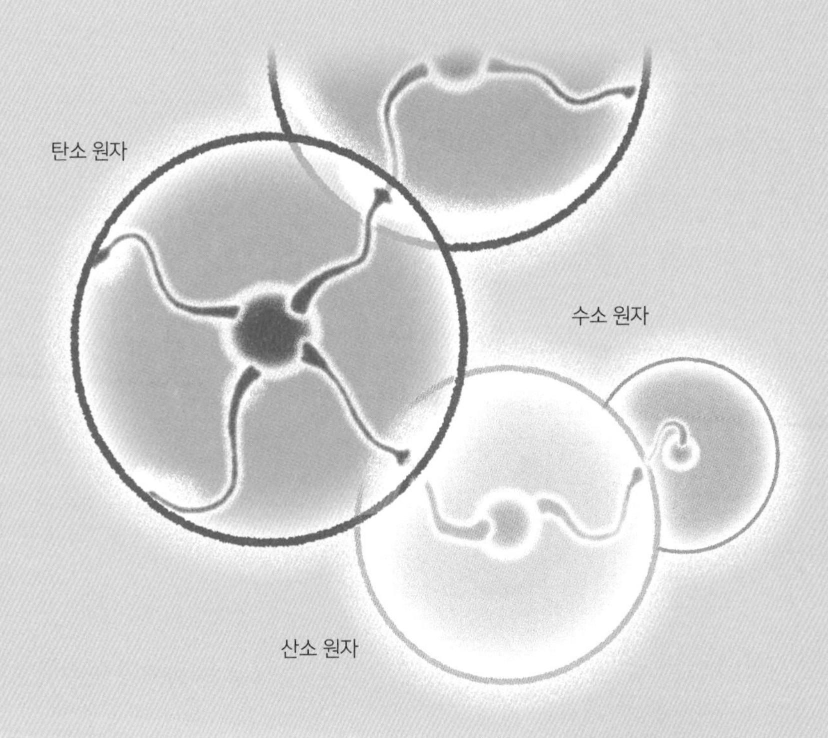

원소에 따라 정해진 수의 손이 있어서
그 손을 사용해 결합한다고 생각했대.

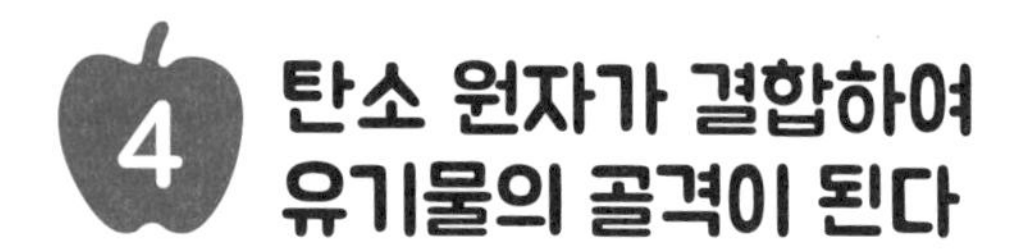

4 탄소 원자가 결합하여 유기물의 골격이 된다

◈ 탄소끼리 길게 결합한 분자, '지방족'

19세기 화학자들은 유기화합물을 연구하면서 화합물의 분자에 공통적인 부분이 있다는 사실을 깨달았다. **다수의 분자는 탄소가 사슬처럼 길게 연결된 구조, 탄소가 고리처럼 연결된 구조였다.** '사슬'의 대표적인 예는 탄소끼리 길게 이어진 분자인 '지방족'이다. 지방족의 탄소는 손 2개를 사용하여 탄소와 양쪽으로 연결되어 있고, 나머지 손 2개는 각각 수소와 결합해 있다. 이 수소 부분은 다른 원자로 치환될 수 있으며, 탄소 사슬은 유기물의 '골격'이 된다.

◈ 고리를 가진 대표적인 분자는 '벤젠'

고리를 가진 분자 중 대표적인 것은 19세기 보급된 가스등의 석탄 가스에서 발견된 '벤젠'이다. 발견된 후로도 얼마간은 벤젠이 어떤 모양인지 알려지지 않았다. 그 정체를 밝힌 사람은 탄소 원자의 손이 4개라는 것을 밝혀낸 케쿨레였다. **케쿨레는 벤젠에 탄소 6개가 결합하여 고리 모양을 만들고 있다고 생각했다.** 또 벤젠의 탄소는 각각 수소 1개와 결합하고, 이 수소는 지방족처럼 다른 원자로 치환할 수 있다고도 생각했다.

밀랍 분자와 벤젠의 분자

유기화합물에는 탄소가 길게 이어진 구조와 탄소가 고리처럼 연결된 구조를 가진 것이 대부분이다. 예를 들어 초의 분자는 사슬 모양으로 되어 있고, 가스등의 석탄 가스에서 발견한 벤젠 분자는 고리 모양이다.

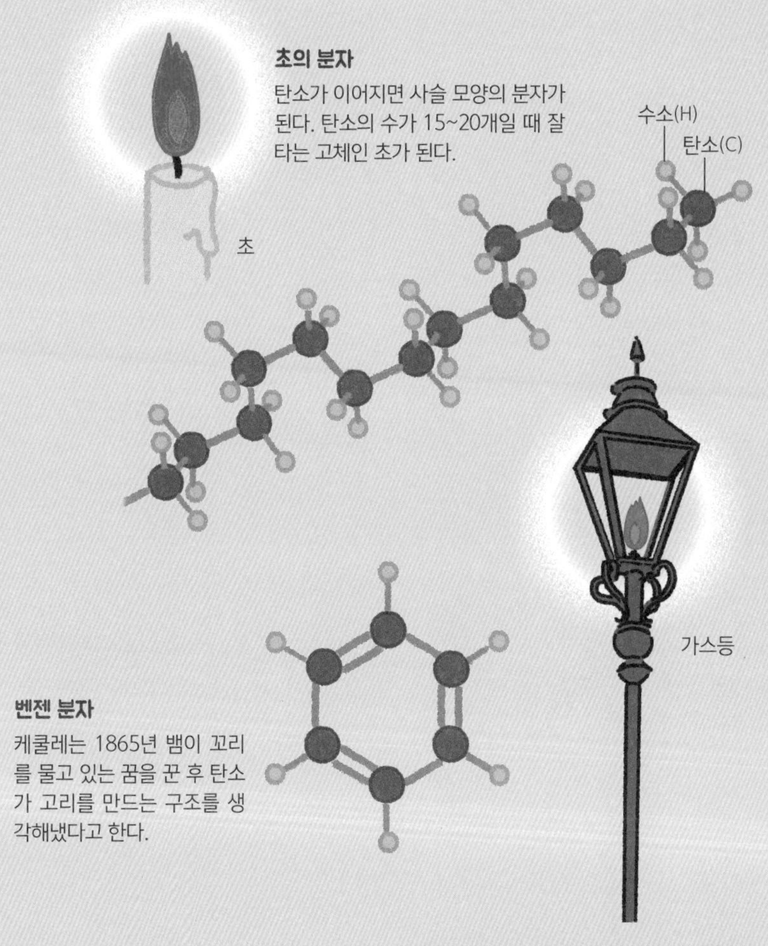

5 유기물의 성격은 '장식'으로 결정된다

히드록시기(hydroxy基)는 물과 비슷한 구조로 되어 있다

유기물의 성질은 탄소 원자로 구성된 골격만으로 결정되는 것은 아니다.

예를 들어 가정용 가스로 이용되는 '프로판' 기체는 탄소 원자 3개와 수소 원자 8개로 되어 있다. 여기서 수소 원자 1개를 산소와 수소로 구성된 '히드록시기'라는 '장식(꾸밈)'으로 바꾸면 '프로판올'이라는 액체가 된다.

프로판올은 화장품과 잉크 등에 사용되는 재료다. **프로판은 원래 물과 완전히 섞이지만, 프로판올은 물과 섞이지 않는다.** 이는 히드록시기가 물과 닮은 '-O-H' 구조이기 때문이다.

유기화합물의 성질은 장식에 좌우된다

이처럼 유기화합물의 성질은 그 화합물이 어떤 장식을 달고 있느냐에 따라 크게 좌우된다. 이는 '기능을 부여하는 부분'이라는 의미로 '작용기(Functional Group)'라 한다.

기능을 부여하는 '장식'

탄소의 사슬에 장식(작용기 또는 관능기)을 붙이면 원래의 유기물과는 완전히 다른 성질을 부여할 수 있다. 이러한 작용기는 다양하다.

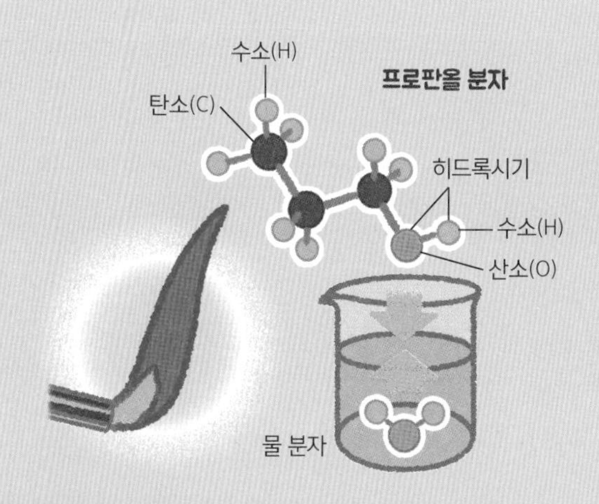

대표적인 작용기(관능기) 8개

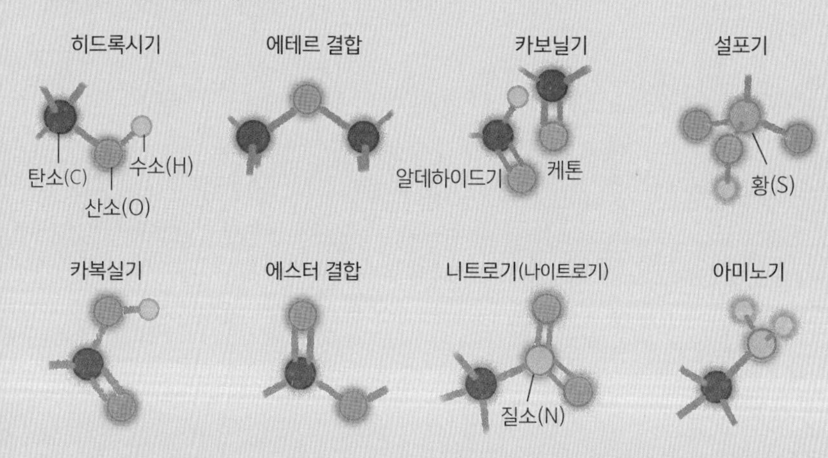

6 같은 원자라도 완전히 다른 유기물이 생긴다

이성질체의 존재로 유기물의 종류가 몇 배씩 늘어난다

유기화합물에는 '같은 종류와 같은 수의 원자로 이루어진다고 해도 결합방식이 다른 분자 조합'이 많다. 그와 같은 조합을 '이성질체'라고 한다. 원소의 수가 많은 복잡한 분자일수록 이성질체의 수도 많다. 이성질체의 존재에 따라 유기물의 종류는 몇 배씩 늘어난다. 이성질체는 분자 모양이 어떻게 다른지에 따라 종류가 다양하다. 그중에서도 모양이 가장 닮은 이성질체로 '광학(거울상) 이성질체'가 있다.

멘톨은 광학 이성질체의 친숙한 예

광학 이성질체란 분자 구조가 좌우대칭 관계인 분자를 말한다. 친숙한 예로는 박하에 함유된 '멘톨' 분자가 있다. 자연 식물 '박하'는 멘톨의 광학 이성질체의 한쪽을 만든다. 이것은 박하의 상쾌한 향과 맛을 만드는 분자로 'L-멘톨'이다. 한편 멘톨을 실험실에서 만들면 약 2분의 1의 확률로 또 다른 쪽의 분자를 만들 수 있다. 이는 소독약과 비슷한 냄새가 나는 분자로 'D-멘톨'이다. **L-멘톨과 D-멘톨은 만드는 방법이나 화학반응 방법 등의 성질이 거의 같지만 서로 별개의 물질이다.**

대표적인 이성질체

같은 원소로 이루어져 있지만 원자의 결합방식이 다른 분자를 이성질체라 한다. 이성질체에는 구조 이성질체와 광학(거울상) 이성질체 등 몇 종류가 있다.

구조 이성질체

분자를 구성하는 원자의 수는 같고 결합방식이 다른 물질의 조합을 구조 이성질체라 한다.

광학 이성질체

왼손과 오른손처럼 좌우 대칭으로 똑같이 닮았으면서도 겹쳐지지 않는 분자의 조합을 광학(거울상) 이성질체라 한다.

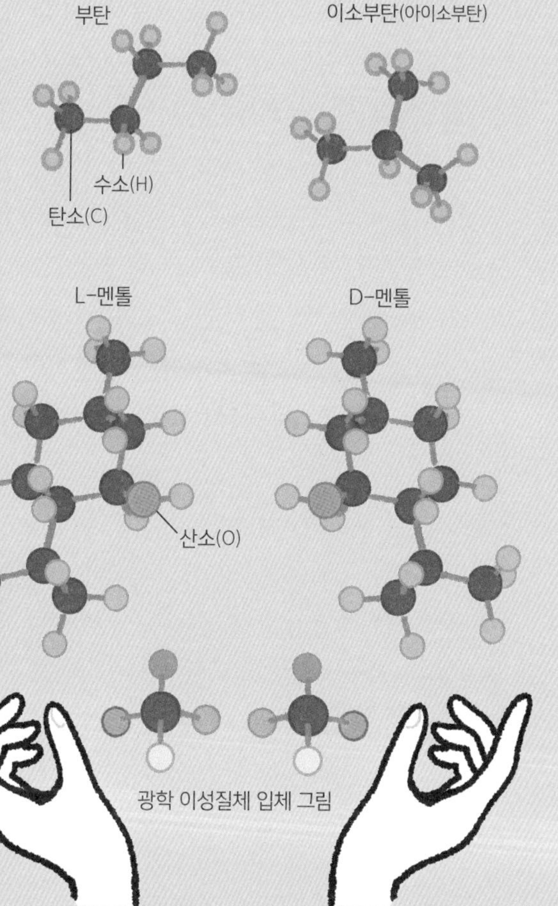

7 탄소는 생명체의 중추를 이룬다

생명체의 모든 부분은 탄소 중심의 유기물

우리 인간은 물론 모든 생명체의 몸은 '세포'로 되어 있다. 이 세포를 만드는 것은 매우 복잡한 입체 구조를 가진 요소들이다. 세포막을 만드는 인지질, 이중나선 구조를 가진 DNA, 정밀기계와 같은 단백질 등의 재료가 조합되어 세포를 구성한다. **이처럼 복잡한 생명체를 이루는 모든 것은 탄소를 중심으로 한 유기물이다.**

단백질은 생명의 몸을 구성하는 만능선수

DNA는 사슬 2개가 나선을 그리는 듯한 구조를 한 분자다. DNA는 기본 단위인 '데옥시리보뉴클레오타이드'의 연결로 만들어졌다. 데옥시리보뉴클레오타이드에 포함된 '염기'는 네 종류다. DNA는 그 염기의 배열로 유전 정보를 담고 있다.

단백질은 다양한 생명 활동을 성립시키고 생명체의 몸을 구성하는 만능선수다. **'아미노산'이라는 기본 단위가 여러 개 연결되어 만들어진 분자다.** 또 인지질은 세포 주변을 둘러싼 '세포막'을 만든다.

생명체의 구석구석을 만드는 주요 원소

인지질과 DNA, 단백질 등의 세포 재료는 탄소, 수소, 산소, 질소, 황, 인 등 여러 종류의 원소로 만들어져 있다.

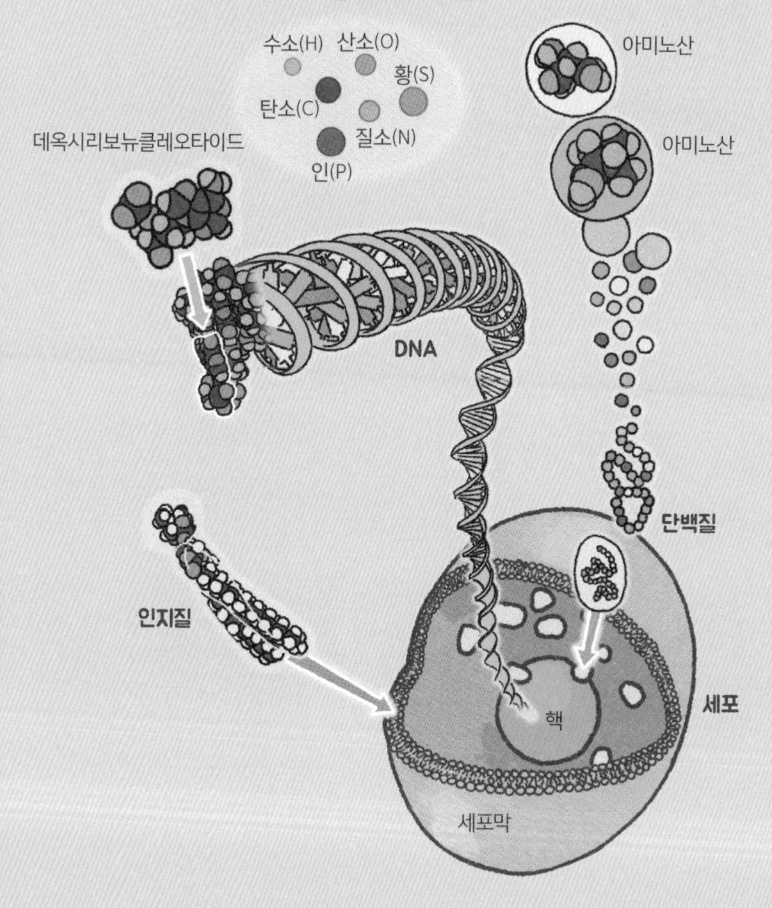

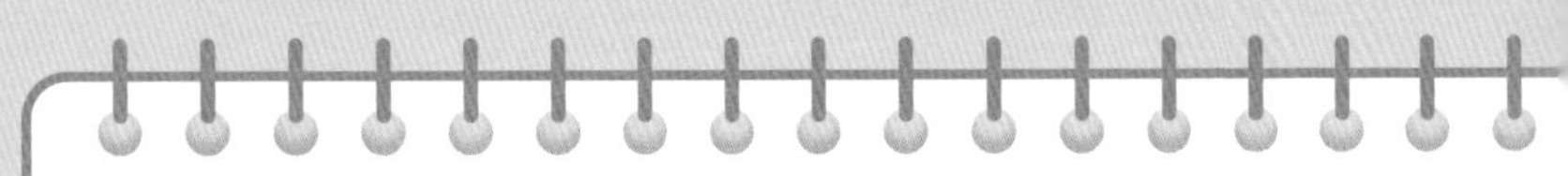

박사님!
알려주세요!

참치 뱃살은 왜 녹나요?

박사님! 초밥에 올리는 참치 뱃살은 왜 입안에서 녹나요?

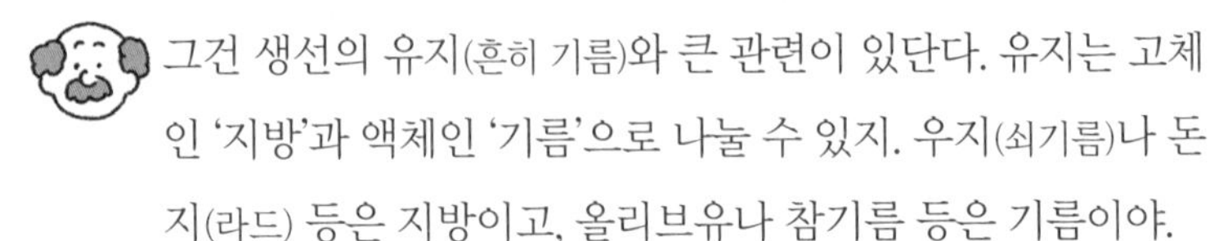

그건 생선의 유지(흔히 기름)와 큰 관련이 있단다. 유지는 고체인 '지방'과 액체인 '기름'으로 나눌 수 있지. 우지(쇠기름)나 돈지(라드) 등은 지방이고, 올리브유나 참기름 등은 기름이야.

기름에도 여러 종류가 있군요.

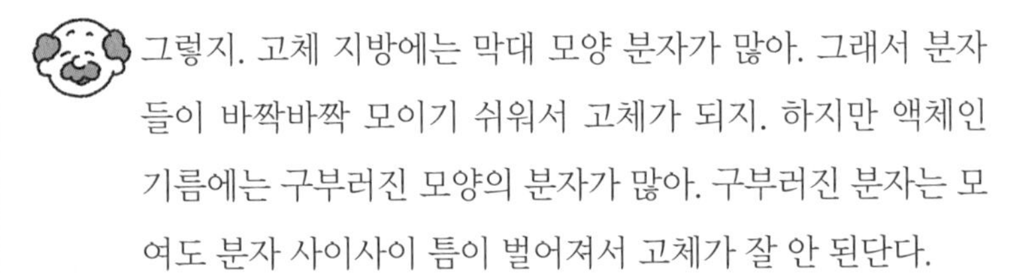

그렇지. 고체 지방에는 막대 모양 분자가 많아. 그래서 분자들이 바짝바짝 모이기 쉬워서 고체가 되지. 하지만 액체인 기름에는 구부러진 모양의 분자가 많아. 구부러진 분자는 모여도 분자 사이사이 틈이 벌어져서 고체가 잘 안 된단다.

그게 참치 뱃살이 녹는 거랑 어떤 관계가 있어요?

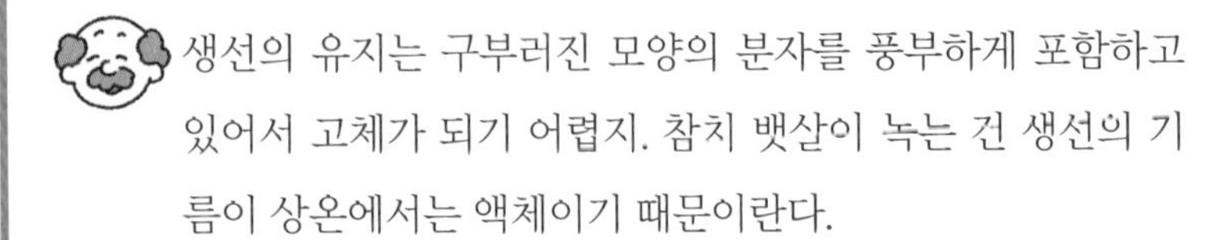

생선의 유지는 구부러진 모양의 분자를 풍부하게 포함하고 있어서 고체가 되기 어렵지. 참치 뱃살이 녹는 건 생선의 기름이 상온에서는 액체이기 때문이란다.

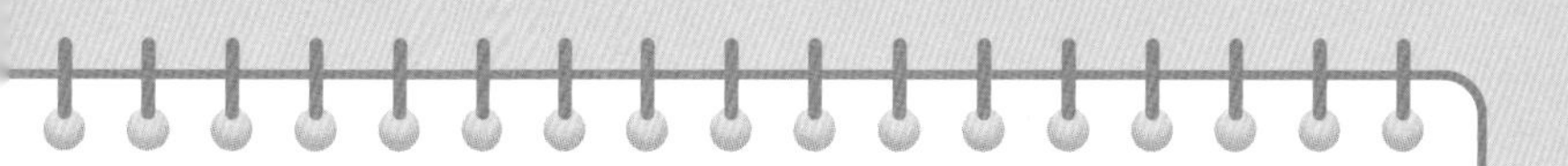

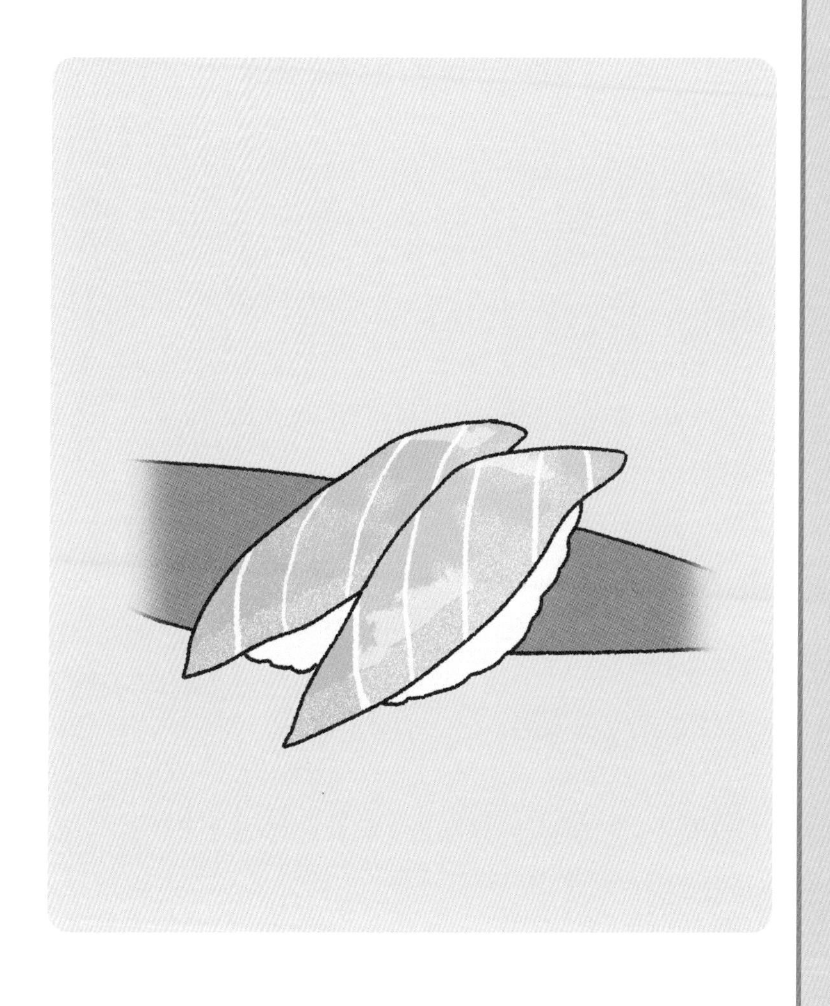

이상한 이름의 유기물들

유기물에는 재미있는 이름이 붙어 있는 것이 많다. 그중 몇 가지를 소개한다.

'나노푸션(NanoPutian)'은 분자 구조가 인간 모양인 유기물이다. 나노푸션이라는 이름은 10억분의 1을 나타내는 '나노'와 『걸리버 여행기』에 등장하는 소인국의 주민 '릴리푸션(Lilliputian)'에서 따온 이름이라고 한다. 참고로 나노푸션의 '키'는 약 2나노미터(nm)다.

'펭귀논(Penguinone)'은 분자식이 $C_{10}H_{14}O$인 유기물이다. 평면 구조가 펭귄과 닮아서 붙여진 이름이라고 한다. 또 '사이클로아와오도린(Cycloawaodorin)'은 고리 모양을 띤 유기물의 일종이다. 이 물질의 모양이 일본의 아와오도리(Awa Odori)*를 하는 사람들의 모습과 비슷해 이렇게 부른다. 이처럼 이름들에서 물질을 발견하거나 합성한 화학자들의 유기물에 대한 애정을 느낄 수 있다.

* 일본 도쿠시마 현에서 8월 12~15일 열리는 축제로, 북과 피리 등의 악기에 맞춰 노래를 부르며 조별로 나눠 거리를 누비며 춤을 춘다.

나노푸션

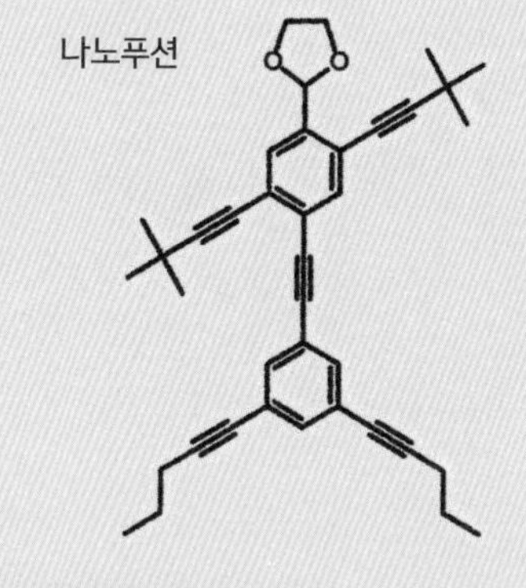

펭귄논

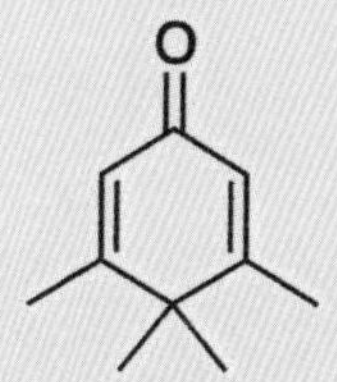

사이클로아와오도린

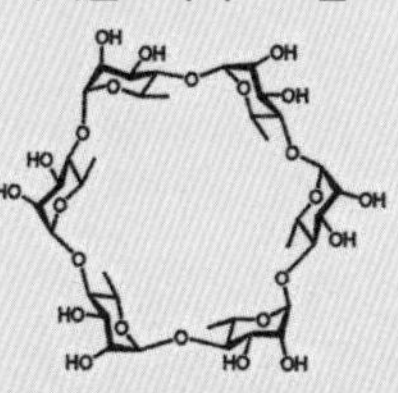

8 우리는 유기물에 둘러싸여 살아가고 있다

페트병은 긴 사슬 모양의 분자로 되어 있다

우리 주변에는 긴 사슬 모양의 분자인 '폴리머(고분자)'로 된 것들이 많다. 비닐봉지나 페트병, '폴리에스테르'나 '나일론' 등이 그 예다. 그 밖에도 접착제나 높은 압력에 견디는 수조벽 등 다양한 소재가 만들어지고 있다.

작은 분자를 연결해 긴 사슬 모양의 분자로 만든다

폴리머는 20세기에 인간이 만들어낸 유기물이다. **폴리머는 우선 작은 분자(모노머)를 만들고 그 분자를 수만에서 수십만 개를 연결해 긴 사슬 형태의 분자(폴리머)로 만든다.** 이때 '모노(mono)'는 '1'을, '폴리(poly)'는 '다수'라는 의미다. 폴리머는 '다수의 분자를 연결한 물질'이라는 의미인 셈이다. 초기의 폴리머로는 1931년 미국의 화학자 월리스 캐러더스(1896~1937)가 합성한 세계 최초의 고무 '폴리클로로프렌'이 있고 마찬가지로 캐러더스가 1935년에 합성한 세계 최초의 합성섬유 '나일론'이 알려져 있다.

폴리클로로프렌과 나일론

캐러더스는 1931년 세계 최초로 인공 고무 '폴리클로로프렌'을 만들어내는 데 성공했다. 4년 후 그는 '나일론' 개발에도 성공했다.

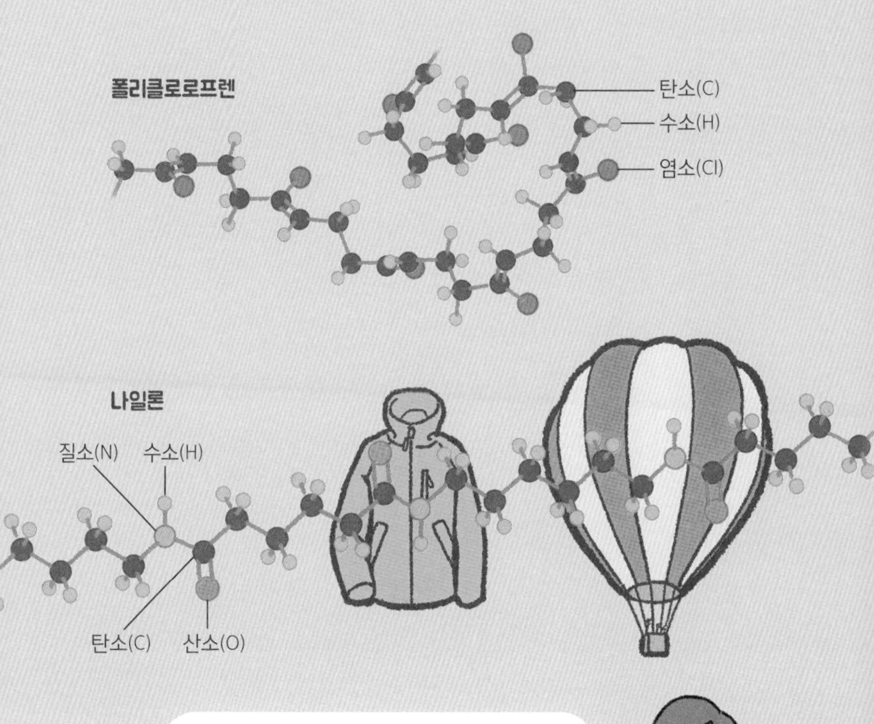

스포츠웨어, 열기구의 풍선 등
다양한 곳에서 사용되고 있지.

9 약이 되는 유기물을 인공 합성한다!

실험을 통해 다양한 유기물을 합성하다

인간은 3500년 훨씬 전부터 다양한 약초를 찾아내 이용해왔다. 만약 원하는 성분을 인공적으로 합성할 수 있다면 좀 더 단기간에 약을 만들 수 있을 것이다. **20세기 들어 유기화학이 발전하자 다양한 천연 유기물의 구조가 밝혀지면서 실험실에서 합성이 가능해졌다.**

실험실에서 합성이 가능해진 대표적인 예가 진통제인 '아스피린'과 열대지역의 감염병인 말라리아 특효약 '퀴닌'이다. 또 하나, 최근의 예로는 인플루엔자 치료제 '타미플루'가 있는데, 이는 '팔각' 나무의 열매에서 추출한 분자를 합성하여 만든 것이다.

컴퓨터로 새로운 화합물 후보를 만든다

20세기의 약학은 생물이 만드는 약 성분의 분자를 연구하여 개량하고 이를 실험실에서 합성하며 발전해왔다. 또 최근에는 컴퓨터로 신약을 설계해 만드는 방법이 발전하고 있다. **우선 컴퓨터 프로그램으로 기존 약품의 정보를 바탕으로 질환에 효과가 있는 새로운 화합물 후보 수백만 종류를 합성한다.** 그리고 이 중 유망한 물질을 추려 실제로 합성하는 실험을 진행한다.

살리신과 아스피린

오래전부터 버드나무의 껍질은 진통제로 사용돼왔다. 살리신은 버드나무 나무껍질에서 추출한 진통 성분이다. 아스피린은 이 살리신을 개량하여 만들었다.

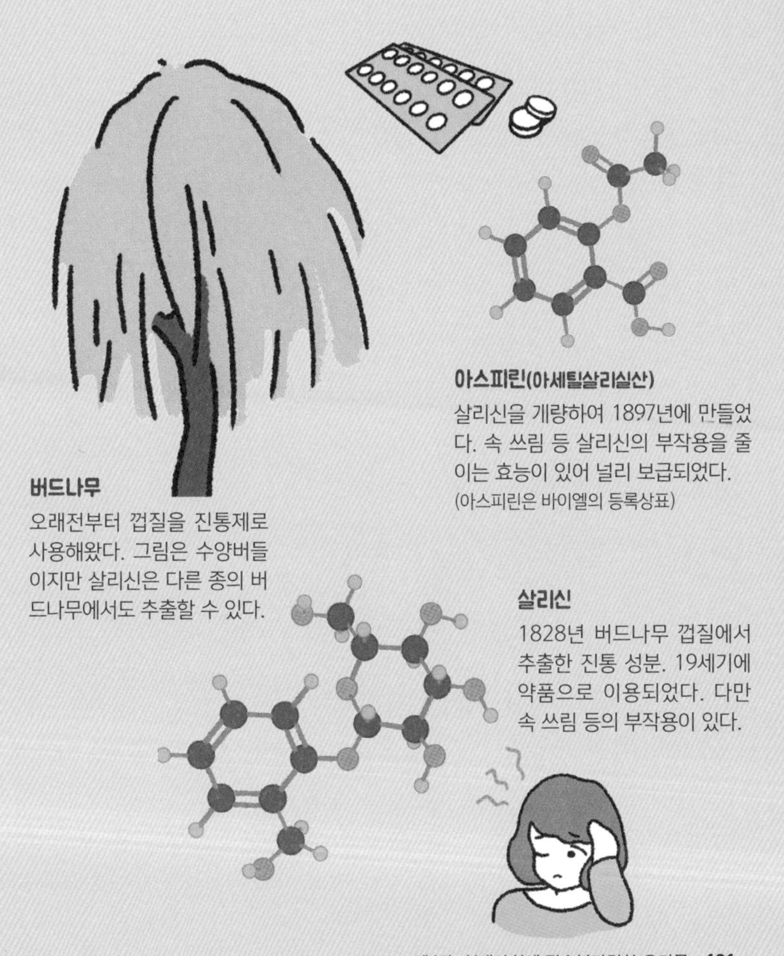

10 OLED, 초분자……, 새로운 시대로 나아가는 유기화학

◆ 다양한 제품에 유기화학이 이용되기 시작했다

라부아지에가 18세기에 원소라는 개념을 발표한 이후 19세기까지 100년간 유기화학이 확립되었다. **이후 20세기에 들어서자 플라스틱을 비롯한 석유제품, 약품, 액정 디스플레이 등의 다양한 물건에 유기화학이 이용되었다.**

◆ 화합물의 수는 지금도 계속해서 늘어나고 있다

유기화학은 앞으로 어떻게 발전해나갈까? 현재로서는 컴퓨터로 설계한 분자의 성질을 분자의 구조에서 출발하여 예측하거나, 목적에 맞게 설계한 분자를 실제로 합성하는 일이 가능해지고 있다.

분자를 만드는 일뿐 아니라 만든 여러 종류의 분자를 조합하는 '초분자' 화학이 주목받고 있다. 정해진 분자만을 가려내는 센서와 미량의 약물을 감싸 환부까지 전달하는 캡슐 등 다양한 응용이 가능하다.

지금까지 보고된 화합물은 약 2.1억 개 이상*에 달하며 그중 63%가 유기물이다. 이 수는 지금도 계속해서 늘어나고 있다.

* 천연 물질과 실험실에서 만든 물질 등의 등록을 담당하는 연구기관(Chemical Abstracts Service, CAS)에 등록된 화합물 등록 건수에서 발췌(2018년 9월 기준)

20세기에 발전한 유기화학

유기화학은 20세기 동안 의약품, 석유제품, 전기화학제품 등의 분야에 진출했다. 여기서는 그 사례를 소개하고자 한다.

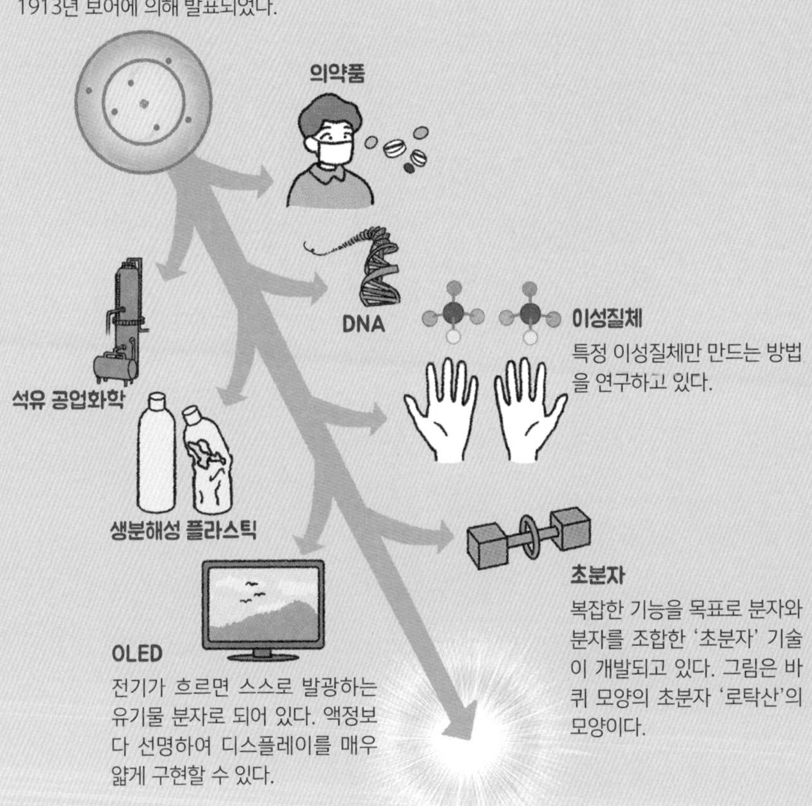

유기화학의 창시자, 유스투스 폰 리비히

1803년 독일 다름슈타트 약품 도매상의 자녀 열 명 중 차남으로 태어나

어린 시절 학교 공부보다는 화학에 관심이 있어 성적은 좋지 않았다.

혼자서 만든 뇌산수은(폭약)을 학교에서 폭발시켜 퇴학당한다.

우여곡절이 있었으나 장학금을 받고 파리대학에 입학

22세 최연소 나이로 독일 기센대학의 교수가 된다.

연구 분야를 생화학으로 바꾸고 화학비료 개발에 성공했으며

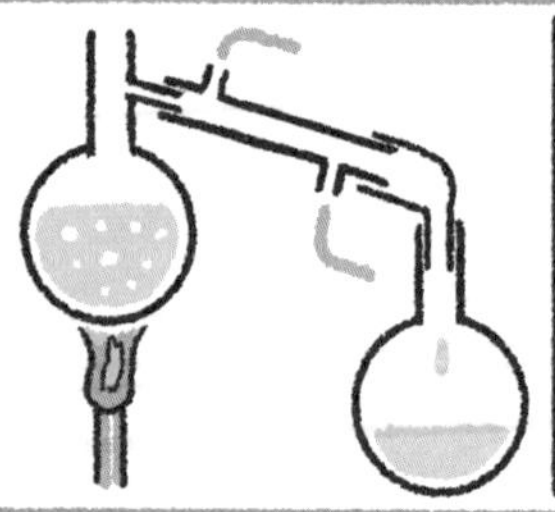

그가 발명한 실험에 사용된 냉각기는 리비히 냉각기라고 불린다.

유기화학의 창시자, 프리드리히 뵐러

Staff

Editorial Management	기무라 나오유키
Editorial Staff	이데 아키라
Cover Design	이와모토 요이치
Editorial Cooperation	주식회사 캐덱(요모카와 메구미)

일러스트

표지	오카다 유리노
3~7	오카다 유리노
11	Newton Press, 오카다 유리노
14~17	Newton Press
19	Newton Press, 오카다 유리노
21	Newton Press
22~23	Newton Press, 오카다 유리노
25	오카다 유리노
27	Newton Press
29	오카다 유리노
31~35	Newton Press
37	오카다 유리노
41~43	오카다 유리노
45	오카다 유리노
47	오카다 유리노
48~49	Newton Press
51	Newton Press
52~55	Newton Press, 오카다 유리노
56~58	오카다 유리노
61	Newton Press
63	Newton Press, 오카다 유리노
65	Newton Press
66~67	Newton Press, 오카다 유리노
69	오카다 유리노
71~83	Newton Press
85~86	오카다 유리노
89~99	Newton Press
101	오카다 유리노
103	Newton Press
105	고바야시 미노루의 일러스트를 바탕으로 오카다 유리노가 작성, 오카다 유리노
106~107	Newton Press, 오카다 유리노
109~112	오카다 유리노
115~123	Newton Press
125	오카다 유리노
126~127	Newton Press

감수

사쿠라이 히로무(교토약과대학 명예교수)

원본 기사 협력

이토 아키라(도쿄공업대학 이공학연구과 명예교수)
모리타 코우스케(규슈대학 이학연구원 물리학부문 교수, 이화학연구소 초중량원소연구개발부 부장)
사쿠라이 히로무(교토약과대학 명예교수)
다무라 오사무(일본품질보증기구 계량계측센터 계량계측부 고문)
나카쓰보 후미아키(교토대학 생존권연구소 생물기능재료분야 산학연연계 특임교수)
나카무라 에이이치(도쿄대학 대학원 이학계연구과 화학전공, 이학부 화학과 명예교수)
마쓰모토 마사카즈(오카야마대학 이분야기초과학연구소 조교수)

본서는 Newton 별책 『다시 배우는 중·고등학교 화학』의 기사를 일부 발췌하고 대폭적으로 추가·재편집을 하였습니다.

지식 제로에서 시작하는 과학 개념 따라잡기

주기율표의 핵심

118개의 원소가
완벽하게 이해되는
최고의 주기율표
안내서!!

화학의 핵심

고등학교 3년 동안의
화학의 핵심이
완벽하게 이해되는
최고의 안내서!!

물리의 핵심(근간)

고등학교 3년 동안의
물리의 핵심이
완벽하게 이해되는
최고의 안내서!!

지식 제로에서 시작하는
과학 개념 따라잡기

화학의 핵심

1판 1쇄 찍은날 2021년 6월 10일
1판 2쇄 펴낸날 2022년 12월 5일

지은이 | Newton Press
옮긴이 | 전화윤
펴낸이 | 정종호
펴낸곳 | 청어람e

편집 | 홍선영
마케팅 | 강유은
제작·관리 | 정수진
인쇄·제본 | (주)에스제이피앤비

등록 | 1998년 12월 8일 제22-1469호
주소 | 03908 서울 마포구 월드컵북로 375, 402호
이메일 | chungaram_e@naver.com
전화 | 02-3143-4006~8
팩스 | 02-3143-4003

ISBN 979-11-5871-177-1
979-11-5871-164-1 44400(세트번호)

잘못된 책은 구입하신 서점에서 바꾸어 드립니다.
값은 뒤표지에 있습니다.

청어람 e))는 미래세대와 함께하는 출판과 교육을 전문으로 하는 청어람미디어의 브랜드입니다.
어린이, 청소년 그리고 청년들이 현재를 돌보고 미래를 준비할 수 있도록 즐겁게 기획하고 실천합니다.